祁连山生态文化形成与演变

杜平贵 韩 强 侯光良 杜 雨 著

西北大学出版社
·西安·

图书在版编目（CIP）数据

祁连山生态文化形成与演变 / 杜平贵等著 . -- 西安：西北大学出版社，2025.4. -- ISBN 978-7-5604-5659-1

Ⅰ . X321.24

中国国家版本馆 CIP 数据核字第 20256A7N40 号

祁连山生态文化形成与演变
QILIANSHAN SHENGTAI WENHUA XINGCHENG YU YANBIAN

著　者	杜平贵　韩　强　侯光良　杜　雨
出版发行	西北大学出版社
地　址	西安市太白北路 229 号
邮　编	710069
电　话	029-88303310
网　址	http://nwupress.nwu.edu.cn
E - mail	xdpress@nwu.edu.cn
经　销	全国新华书店
印　装	陕西瑞升印务有限公司
开　本	720 毫米 × 1020 毫米　1/16
印　张	17
字　数	274 千字
版　次	2025 年 4 月第 1 版
印　次	2025 年 4 月第 1 次印刷
书　号	ISBN 978-7-5604-5659-1
定　价	148.00 元

本版图书如有印装质量问题，请拨打电话 029-88302966 予以调换。

前　言

　　祁连山青海地区处于黄土高原、蒙古高原以及青藏高原的交会地带，横跨青海和甘肃两省，是阻止腾格里沙漠、巴丹吉林沙漠和库姆塔格沙漠南侵的天然屏障。该地区地势整体呈现西北高东南低的特点，年均气温为 $-17.2℃\sim7.7℃$，属大陆性高寒半湿润山地气候。特殊的地理位置和生态功能造就了祁连山青海地区复杂多样的自然特征，其地形地貌涵盖山地、峡谷、冰川和平原等多种类型，并且区域内生物多样性丰富、自然生态系统和生物区系独特而典型，是我国生物多样性保护的优先区域，也是西北地区重要的生物种质资源库和野生动物迁徙的重要廊道。

　　与此同时，祁连山是黑河、疏勒河、石羊河三大内陆河的发源地，也是黄河、青海湖的重要水源补给区，更是我国季风和西风带交会的敏感区。这里世代繁衍生息着汉族、藏族、土族、蒙古族、撒拉族等民族，多民族聚居为该区域的鲜明特点。该地区也处于史前东西方文化跨大陆交流的重要区域，是甘青文化区—河西走廊和青藏高原东北部的重要交界地带，是"一带一路"经济圈的重要组成部分，因而该地区具有独特的文化内涵和历史价值。

　　社会经济发展方面，2008 年，在国家环境保护部公布的《全国生态功能区划》中，将祁连山地区确定为水源涵养生态功能区，将"祁连山山地水源涵养重要区"列为全国 50 个重要生态服务功能区之一。党的二十大报告进一步明确了生态文明建设的重要性，并将生态文明建设提到更高层次，提出要"推动绿色发展，促进人与自然和谐共生"。2021年3月，习近平总书记在第十三届全国人民代表大会第四次会议中对青海省提出，要建立以国家公园为主体的自然保护地体系、打造国际生态旅游目的地等要求。党的十八大以来，青海省委、省政府以习近平生态文明思想为指引，以打造生态保护、生态科研、生态文化三大高地为目标，立足祁连山国家公园候选区实际，积极推进生态文明制度改革。

深入挖掘祁连山地区的历史文化与生态文化，就是打造"生态文化高地"的重要举措之一。做好祁连山地区的生态文化建设，能够丰富区域内的历史文化教育资源，推动祁连山地区的历史文化传承与生态保护；勾起人们对于特有的民族传统生活方式的鲜活记忆，有助于铸牢中华民族共同体意识；是构建中国重要的生态安全屏障，实现祁连山地区人与自然和谐共生的具体实践；是贯彻落实生态文明建设，树立文化自信，实现生态立省战略布局的重要措施。

本书主要以祁连山青海地区内的生态文化资源为主要脉络展开，首先介绍了生态文化的形成与发展历程，并对区域内的自然环境与人文环境进行概述；其次系统介绍了祁连山地区从数万年前的旧石器时代，历经新石器时代、青铜时代、历史时期直至近现代的人类活动历程、特征、生产生活形式，各时期自然生态环境的演变过程，及人类活动与自然生态环境之间内在的、密不可分的关系，从而深入阐释了祁连山地区过去原生朴素的生态文化发生、发展与演变的过程及特征；最后系统梳理了地区内传统的和新兴的生态文化资源，并探讨了新时代生态文化建设与发展的形式、功能和价值，以及该地区未来发展的方向、措施和建议。

本书可供地理学、旅游学、民俗学等学科研究人员和相关专业学生参考，对祁连山地区生态文化感兴趣的读者也可参考阅读。

著者

2025年3月

目　　录

第一章　生态文化的形成与发展 ·················· 1
　第一节　生态文明理念的发展历程················· 1
　第二节　生态文化的概念及属性··················· 4
　第三节　生态文化的特点与类型··················· 5
　第四节　生态文化的功能······················· 11
　第五节　生态文化的调查与研究方法·············· 14

第二章　祁连山地区区域概况 ······················ 35
　第一节　自然环境概况························· 35
　第二节　人文环境概况························· 46

第三章　祁连山地区史前时期环境与人类活动 ·········· 54
　第一节　祁连山地区旧石器时代环境与人类活动····· 54
　第二节　祁连山地区中石器—新石器时代环境与人类活动··67
　第三节　祁连山地区青铜时代环境与人类活动······· 82

第四章　祁连山地区历史时期以来环境与人类活动　93
　第一节　祁连山地区历史时期古环境与人类活动　93
　第二节　祁连山地区近现代环境与人类活动　109

第五章　祁连山地区生态文化变迁　117
　第一节　史前时期——崇拜自然　118
　第二节　历史时期——改造自然　124
　第三节　近现代——自然索取向和谐生态观的转变　126
　第四节　祁连山地区生态文化的演变特征　128
　第五节　祁连山地区生态文化演变的影响因素　130

第六章　祁连山地区生态文化　134
　第一节　祁连山地区生态文化资源概况　134
　第二节　祁连山地区生态文化建设的目标与内容　223
　第三节　生态文化助力国家公园建设的价值与意义　225
　第四节　祁连山地区生态文化建设现状　227

第七章　祁连山地区生态文化建设未来展望　233

参考文献　242

后　记　266

第一章

生态文化的形成与发展

生态文化是人与自然和谐共生的智慧结晶，承载着生态文明发展的历史脉络与时代精神。从理念萌芽到系统构建，生态文化不断丰富其内涵与形式，成为推动生态可持续发展的重要力量。本章将探讨生态文化的形成、特点与功能，并梳理其研究方法，为理解人与自然的关系提供文化维度的思考，尝试探寻其背后的深刻价值与实践意义。

第一节 生态文明理念的发展历程

当今全球化背景下，超负荷的人类活动和日益加剧的气候变化问题加速了地理空间格局失衡，人类福祉与生态系统的可持续管理面临着巨大挑战。整个地理空间格局的变化致使人地关系失调、三生（生产、生活、生态）空间利用失衡，人类价值观念和行为方式发生转变，从而产生了一系列的环境污染、生态系统功能退化、生活空间设施配套不全以及缺少活力等问题（钟敬秋等，2024）。因此，人类逐步意识到人与自然的关系，以及自然与人类福祉之间具有紧密的联系。解决好自然环境与社会发展之间的问题对于推进生态文明建设、增进人地关系的理解具有重要的理论和现实意义（高阳等，2024），而生态文明的发展历程则涵盖了从最早的环境保护意识到现代生态文明理念的提出与实践。

在全球视角下,人类于19世纪末至20世纪初萌发了环境保护意识,部分科学家和思想家提出了保护自然环境的理念。美国的自然保护主义者主张保护荒野,同时美国政府在这一时期成立了黄石国家公园,标志着自然保护区和公园制度的诞生。20世纪中期,随着环境问题的日益严重,全球环境保护运动逐步兴起。这一时期,各国政府开始制定一系列的环境法规。1972年,联合国召开第一次人类环境会议,标志着全球环境保护意识的确立,会议提出了《人类环境宣言》,并设立了联合国环境规划署。1987年,联合国环境与发展委员会发布《我们共同的未来》报告,正式提出了可持续发展理念,强调在满足当代生存需求的同时,不损害后代的生存能力。进入21世纪,全球范围内气候变化、生物多样性丧失、生态系统退化等问题日益突出。因此,国际社会逐步认识到需要从根本上变革生产和生活方式,"生态文明"的理念应运而生,联合国提出要建立以人与自然和谐共生为核心的新型文明形态。2012年,"里约+20"峰会开始建立新的伙伴关系,为实现生态可持续发展提供了明确、切实可行的步骤。2015年,联合国于纽约召开了以"变革我们的世界:2030年可持续发展议程"为主题的会议,旨在寻找新的方式促进所有人的健康与福祉、保护生态环境以及应对全球气候变化。2022年,"斯德哥尔摩+50:一个健康的地球有利于各方实现兴旺发达——我们的责任和机遇"国际会议聚焦于加速实现可持续发展目标,呼吁代际责任及公平,从而有力地恢复人与自然的关系。

我国首次关注生态问题是在1972年参加的联合国人类环境会议。1983年,我国首次将环境保护设定为基本国策;1994年,颁布《中国21世纪议程——中国21世纪人口、环境与发展白皮书》,以此奠定了国家可持续发展的基础。而我国首次提出"生态文明"的概念是在党的十七大报告中,报告强调要建设资源节约型、环境友好型社会,推动生态文明与经济社会协调发展,这也标志着国家开始从战略层面重视生态环境的保护。

随后,国家陆续出台多项涉及环境保护的政策,如退耕还林、环境影响评价等。2012年,党的十八大首次将生态文明建设纳入"五位一体"总体布局,将其与经济、政治、文化、社会建设并列。2015年,《中共中央 国务院关于加快推进生态文明建设的意见》,明确提出美丽中国建设的战略目标,强调推动绿色发展、循环发展、低碳发展,并全面加强对水、土壤、空气的治理。自 2015 年以来,国家开始试点国家公园体制,建立了一批保护生态系统的国家公园,探索人与自然和谐发展的路径。2021 年,《生物多样性公约》第十五次缔约方大会领导人峰会上宣布,设立三江源、大熊猫、东北虎豹、海南热带雨林、武夷山等第一批国家公园,涵盖了中国最重要的生态保护区域,同时指出生态文明是人类文明发展的历史趋势。2022 年,中国发布了《国家公园条例(草案)》,明确了国家公园的法律地位、管理制度、保护目标及法律责任,进一步推动了国家公园制度的规范化和法治化。

另外,党的二十大报告指出,大自然是人类赖以生存发展的基本条件;尊重自然、顺应自然、保护自然是全面建设社会主义现代化国家的内在要求;必须牢固树立和践行绿水青山就是金山银山的理念,站在人与自然和谐共生的高度谋划发展。报告中强调,坚持山水林田湖草沙一体化保护和系统治理,推动绿色低碳发展,确保生态系统健康稳定,为实现美丽中国建设目标提供指导方针。党的二十大进一步明确了生态文明建设的重要性,并将生态文明建设提到更高层次,提出要"推动绿色发展,促进人与自然和谐共生"。2024 年,党的二十届三中全会对国家公园建设做出安排,明确提出要"全面推进以国家公园为主体的自然保护地体系建设",不仅展示了我国在生态保护和可持续发展方面的坚定决心及具体举措,也是推进生态文明体制改革的重大实践。

青海省作为长江、黄河、澜沧江等大河的源头,素有"中华水塔"之称。其独特的高原生态系统在水源涵养、气候调节、生物多样性保护等方面具有不可替代的作用。因此,作为生态大省之一的青海省被选定为国家公园建设的核心区域之一,在国家公园建设中承担着重要的生态保护职责。2015 年起,青海省成为首批国家公园体制试点省份之一。国家在"十三五"规划和《国家生态文明试验区(青海)实施方案》中明确提出了加强青海国家公园建设的要求,目标是通过国家公园的建设促进生态保护和可持续发展。目前,青海省创建国家公园示范省的工作正在稳步推进,三江源国家公园正式设立,祁连山国家公园候选区已经圆满完成试点任务,青海湖国家公园创建工作获批,青海省创下了在全国范围内一个省拥有 3 个国家公园的先例。祁连山国家公园候选区的设立

和生态保护工作是对我国西部重要生态安全屏障、生物多样性的有力保护，而生态文化则是连接人与自然生命共同体理念和生态文明实践的桥梁，对于社会主义生态文明的建设、发展和传承具有重要意义。因此，开展祁连山地区生态文化的调查研究也有利于协调祁连山地区的人地关系，贯彻和落实党的二十大关于生态文明建设的总体要求，从而全面推动美丽祁连山的建设。

第二节 生态文化的概念及属性

一、生态文化的概念

生态文化的核心应该是一种行为准则、一种价值理念。学界目前有关"生态文化"的界定主要分为两类：一类是狭义的界定，认为生态文化是认识人与自然关系形成的社会意识和观念；另一类是广义的界定，认为生态文化是人与自然互动形成的生存方式、物质成果和精神活动。

本书将生态文化定义为：在自然保护地范围内，以崇尚自然、保护环境、促进实现可持续发展为基本目标的，所有能够反映人与自然和谐共生、共荣、共存的传统与新兴文化现象的综合，并能为国家公园建设、文化自信树立、产业推动以及生态文明战略的实施提供强大动力的文化。

二、生态文化的属性

（一）自然性

生态文化与自然本底有关，是基于自然环境存在并发生演变的。生态文化崇尚自然，重视自然环境的保护和恢复，与生态系统密切相关，是自古以来人类活动与自然资源利用过程中逐渐形成的结果。因此，自然性是生态文化的基础。

（二）文化性

生态文化不仅仅是对自然的反映，它也是基于特定历史、社会背景下人类社会与自然环境之间的互动所形成的独特价值观、信仰、习俗和知识体系。生态文化包括了人类如何看待自然，如何在精神和伦理层面与环境共存，以及这种态度如何影响社会结构、经济活动和日常生活，是人类在历史、社会和精神层面的独特文化表达。

（三）系统性

生态文化不只是某一领域的文化现象，而是一个涵盖自然、社会和人类活动的系统化概念。生态文化不仅涉及生态学理论，还与经济、社会发展、伦理道德等紧密相连，形成了一个相互影响的文化体系，并对社会的整体发展方向产生一定的影响。它倡导从全社会多角度综合考虑生态、经济、社会等多方面的因素。

（四）共享性

尽管不同地区会因自然环境和历史文化的差异而形成不同的生态文化，且各地区的生态文化表现形式也不相同，但是全球化背景下的生态文化又具有一定的共通性，它是人类共同的文化财富，是全球的文化，具有共享性，没有民族性、国民性和阶级性。

第三节 生态文化的特点与类型

一、生态文化的特点

生态文化主要具有多样性、包容性、共生性、动态性与美学性等特点。

（一）多样性

不同地域、不同国家、不同时代及不同民族之间存在着传统思想和经济文化的差异，这也决定了人类对自然的认知水平存在一定的差异，由此形成了不同的生态文化，具有多样性。

（二）包容性

生态文化依赖代际传承，融入传统文化和社会习俗，影响着人们对自然的认知和行为，并不断通过教育和文化传播，将环保意识和生态保护的理念传递给后代，使后代能够在较短时间内掌握前人积累的经验、知识和价值观念。生态文化不仅是过去传统文化与生态智慧的积累，也是当代社会文化创新发展的结果，具有包容性。

（三）共生性

生态文化的核心理念在于，人类作为自然的一部分，应该与环境建立一种平衡关系，提倡在经济和社会发展过程中尊重自然规律、保护生态环境，将经济增长与环境保护相结合，实现代际公平。生态文化强调资源的合理利用以及生态系统的保护和修复，倡导减少污染、节能减排、发展绿色经济，从而保证人与自然的长期共存与繁荣，具有共生性。

（四）动态性

生态文化的成果虽然有先进与落后之分，但它并不是静止不变的，会随着环境的变化和社会发展的需求不断演化，如气候、资源、技术的变化都可能导致文化与生态关系的调整，具有动态性。

（五）美学性

生态文化通常体现出对自然美的独特理解和欣赏。无论是文学、艺术还是建筑，许多文化作品中都渗透着对自然景观的描绘和赞美。比如摄影作品（图1-1）、图书、视频等，都是文化表现自然之美的重要形式。生态文化通过这种美学体验，强化了人与自然的情感纽带，具有美学性。

图1-1 祁连山地区自然景观（李志奇 兰东升 摄）

二、生态文化的类型

生态文化具体来说是与人类生态环境紧密相关,具有文化价值和生态意义的各种资源。这些资源不仅体现了人与自然的互动关系,还承载着丰富的文化内涵和历史记忆。根据资源特点和表现形式不同,生态文化可以分为传统生态文化和新兴生态文化两种类型。

(一)传统生态文化

1. 物质文化资源

传统生态文化中的物质文化资源是指与人类的历史、文化有关的遗址和遗迹,以及与自然环境紧密相关且被人类赋予人文价值(特殊文化内涵)的自然资源,具体包括古遗址、古墓葬、古建筑、石窟寺及石刻、名山胜水、动植物资源(图1-2),以及近现代重要史迹及代表性建筑(图1-3~图1-6)等。它们除了具有历史价值外,还反映了人类与自然环境之间的互动关系,通过保护和利用这些物质文化资源,可以传承和弘扬生态文化,促进人与自然和谐共生。

图1-2 祁连山地区野生动物

图1-3 湟源城隍庙

图1-4 湟源城隍庙壁画

图1-5 湟源城隍庙砖雕

图1-6 瞿昙寺壁画（局部）

2. 非物质文化资源

非物质文化资源是传统生态文化资源的又一个重要组成部分,是指人们在日常生活、生产中形成的与生态环境密切相关的无形文化遗存,往往体现了人与自然之间的精神联系。非物质文化资源具体包括传统技艺,传统美术,传统戏剧,传统舞蹈,传统音乐,传统医药,传统体育、游艺与杂技,民间文学,民俗等(图1-7,图1-8)。它们都蕴含着丰富的生态文化信息,通过挖掘和传承这些非物质文化资源,可以加深人类对自然环境的理解和尊重,促进人与自然和谐共生。

图1-7 刺绣

图1-8 皮影戏

（二）新兴生态文化

1. 研学教育基地

研学教育基地是指能够发挥收藏价值和生态教育价值的资源，主要通过展览、互动体验和研学活动等方式，深入探讨自然科学和生态保护理念，从而促进公众教育和生态文化传播的教育基地，如自然博物馆、生态科普馆、观测台站、陈列馆和美术馆等。

2. 科普宣传

科普宣传是指能够发挥科普宣传作用的资源。这些资源主要用于生态知识的普及与实践，能有效助力国家公园建设与发展，如文字、图片、视频、科普教育活动（图1-9）以及对外交流活动等。

图1-9　科普宣教活动图

3. 文件文本资源

文件文本资源是指有利于推动区域内生态文化产业发展，对生态文明战略的实施提供强大动力的文件文本资源，包括研究论文、专著（图1-10）、报告、出台的相关政策文件、诗歌散文等。

第一章 生态文化的形成与发展

图1-10 出版著作示例

第四节 生态文化的功能

一、自然教育功能

自然教育功能是指生态文化能够通过展览和互动体验等各种形式,向公众传递生态学等关于生态系统、人与自然关系的科学研究成果。它能帮助人们超越个体经验的局限,获得群体、社会乃至整个人类对生态问题的经验总结和理性思考。自然教育功能为人们提供了一种智力支持,有助于培养人们的生态意识和养成生态自觉,推动形成绿色、低碳、循环、可持续的生产生活方式(图1-11)。通过生态文化的传播,人们能够更深入地理解世界是一个自然与人复合的自组织演化的生态系统,各物种之间相互作用、彼此制约,共同构成稳定的生态结构。

图 1-11 祁连山国家公园候选区生态文明教育活动图

二、科学研究功能

生态文化是一种新型文化形态，它关注人与自然的和谐共生，强调生态系统的整体性和稳定性，是科学研究的重要内容。通过加大生态文化科研投入，启动生态文化研究工程，可以积极开展生态伦理、生态文明和生态文化建设战略等方面的研究，促进生态文化学科体系的建设。除此之外，生态文化鼓励人们从生态系统的角度去看待和解决问题，这提供了一种全新的科学研究视角（图 1-12）。生态文化还能够促进跨学科研究的发展，不断激发科学研究动力和科学创新活力，并为科学研究提供相应的实践平台等。以上因素共同作用，使得生态文化在科学研究领域发挥着越来越重要的作用。

图 1-12 祁连山国家公园候选区工作人员科研工作图

三、生态旅游休闲功能

以自然景观和生态环境为基础，给人们提供旅游和休闲服务的生态文化，如国家公园、风景名胜区和生态旅游区等，它们不仅具有生态价值，还具备旅游和休闲功能（图1-13）。这些区域保护了当地的生态系统，同时促进了人与自然的和谐互动。通过生态休闲旅游，人们可以近距离接触大自然，感受大自然的神奇魅力，同时增强自身对生态环境的保护意识。

图1-13　祁连大草原

四、精神导向功能

生态文化通过其独特的价值观念和人文精神，能够凝聚社会共识，形成共同的价值追求和行为准则。这种精神导向功能有助于增强社会的凝聚力和向心力，推动社会形成生态环境保护的强大合力。在生态文化的引领下，人们能够更加积极地参与环境保护和生态文明建设的各项活动，共同为美丽中国建设贡献一份自己的力量。

第五节 生态文化的调查与研究方法

一、调查方法

（一）文献收集法

文献收集法，是指在收集与整理其研究领域相关文献的基础上，对文献进行系统研究后形成新认识的一种研究方法。例如，在本次祁连山青海地区古遗址的研究调查中，团队成员通过几种不同的渠道进行文献资料的收集。首先，通过中国知网、维普、万方等平台收集三江源国家公园内已发现的古遗址的文章、调查报告，整理相关资料，为祁连山国家公园候选区中古遗址的调查提供基础数据支撑；其次，在互联网上搜索祁连山地区内已发现的古遗址的具体报道，整理相关报道与数据（在收集资料时需要注意甄别真假），为调查工作提供相关的资料支持；最后，与祁连山青海地区所在州、县的文物局和文化局对接，了解地区内相关古遗址的信息，收集与古遗址相关的文本、照片、视频等相关资料。

（二）访谈调查法

访谈调查法，是指以口头交流的形式，通过调查者向访谈者提出相关问题并根据其回答收集整理材料的方法。此方法常用于学术研究。例如，在祁连山青海地区古遗址调查中主要对三类人群进行访谈：与当地文化学者进行访谈，了解当地古遗址的相关历史，了解古遗址资源内部的内在性质、相关联的事物与人文状况；与相关区域的文保单位工作人员进行访谈，了解古遗址的保护现状、受损原因、现在的使用单位与用途；与当地村民群众（如寺庙僧人等）进行访谈，这在调查过程中是最重要也是最基础的一项，通过与当地群众进行访谈能够清楚地了解古遗址的保存现状、使用情况以及古遗址对当地群众的影响与意义。

（三）实地调查法

实地调查法，是一种通过亲自前往实际地点，结合传统方法与现代技术，对地理空间、自然环境及文化特征进行综合调查和分析的研究方法。

在祁连山地区中华民族文化多元性形成和融合发展的研究中，实地调查法的应用主要体现在以下几个方面：

1. 文化遗址定位与分析

通过实地调查，研究人员可以对祁连山青海地区的文化遗址进行精准定位，绘制详细的平面图，记录现场环境和特征，为探索该地区的文化演变与历史发展提供基础数据。

2. 人类活动遗迹的记录与解读

实地调查法能够系统地记录和分析祁连山青海地区早期人类活动的遗迹，如居住地、墓葬和祭祀场所等。这些资料对于揭示地区内文化多样性的发展过程，以及不同文化间的交流与融合具有重要意义。

3. 环境变化的动态监测

结合全球定位系统（global positioning system，GPS）、激光雷达等现代技术，实地调查法能够高效地监测祁连山地区的环境变化。这些数据有助于分析自然环境演变与文化发展之间的互动关系，揭示自然条件对文化多元性形成的影响。

（四）地信技术分析法

地理信息系统（geographic information systems，GIS）技术主要用于捕捉、存储、分析和管理地理空间数据，具体手段包括遥感技术（remote sensing）、GPS定位、GIS软件、空间分析、地形建模、移动GIS等。这些技术手段可以单独使用，也可以集成使用，用以支持地图制作、空间规划、环境管理、资源监控、考古研究等多项功能。在地信技术的支持下，研究人员可以更有效地探索和分析地理空间数据。

二、实验分析方法

（一）地层年代框架构建

1. AMS^{14}C 测年

放射性碳14年代测定法（The Radioactive Carbon 14 Dating）基本原理为：自然界中的碳同位素分为三种，即^{12}C、^{13}C与^{14}C，其中^{12}C和^{13}C是稳定同位素，^{14}C为放射性同位素（张兰生等，2019）。当宇宙射线与大气相互作用时产生中子，而中子轰击氮原子发生核反应后便产生了 ^{14}C。由于新产生的 ^{14}C 非常不稳定，短时间内与氧结合可生成 $^{14}CO_2$，并以氧化或交换的形式与原本在大气中存在的 CO_2 混合，加入自然界碳的交换循环过程中。位于食物链底端的植物借助光合作用吸收了大气中的部分 CO_2，位于食物链顶端的动物又取食植物，这就使所有生物体均获得了一定量的 ^{14}C 含量。当植物体或动物体死亡时，与外界的物质交换也会相应停止，这时生物体内原有的 ^{14}C 随时间的推移按负指数定律减少，故我们可依据样品现存的 ^{14}C 含量推算出某种生物体的死亡或埋藏时间，以此来确定其绝对年代范围（朱诚等，2013）。国际上普遍将 Libby 计算得出的 ^{14}C 半衰期 5568±30 年作为固定常数（Mook，1986）。用于测定的样品包括骨头、木炭、谷物、泥炭等有机质样品，另有无机碳样品（如钙结核、贝壳、花粉浓缩物等）也可用于 ^{14}C 年代的测定。本研究相关 $AMS^{14}C$ 样品均送至北京大学、美国 Beta 实验室等进行测年。

2. OSL 测年

释光（luminescence）是指矿物晶体在电离辐射作用下累积的能量受到热或光激发，以光子的形式释放出能量的一种物理现象（隆浩等，2016）。根据释光信号激发方式主要分为热释光（thermoluminescence，TL）和光释光（optically stimulated luminescence，OSL）两种方法（Aitken，1985）。本研究采用光释光测年方法，基本原理如图 1-14 所示（隆浩等，2016）。

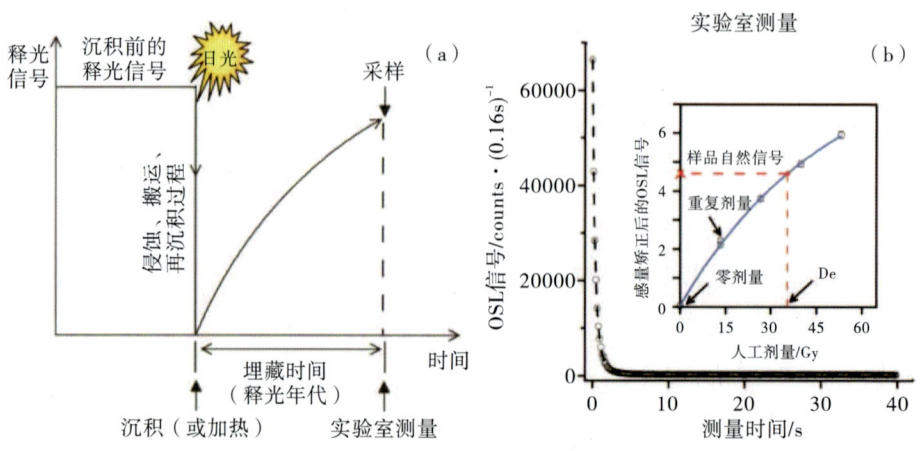

图 1-14　光释光测年原理（a）和等效剂量测试（b）

研究团队有关 OSL 样品均在青海师范大学第四纪年代释光测试分室自主完成测试。前处理流程为：将野外采集的不锈钢钢管携带至弱红光（波长 655±30 mm）密封的暗室内，然后将其进行开封，去除钢管两端 2~3 cm 可能曝光的部分并保存好以用于含水量和环境剂量率的测定；剩余的中间部分则用于粗颗粒石英（63~90 μm）组分的提取及等效剂量测定。测试仪器为 Risø TL/OSL-DA-20-C/D 型热/光释光测年仪，辐照源为已校准的 $^{90}Sr/^{90}Y$ β 源，石英颗粒的辐照剂量率为 0.106±0.0007 Gy/s。本研究鉴于样品颗粒组成与分选情况，首先用 63 μm 和 90 μm 的分样筛进行湿筛淘洗，提取 63~90 μm 的颗粒组分；之后加入 10% 的盐酸（HCl）以去除样品中的碳酸盐，再添加 30% 的过氧化氢（H_2O_2）用于去除有机质；完成上述步骤后加入 40% 的氢氟酸（HF）刻蚀 40~50 分钟，其目的在于去除受 α 辐照影响的表层和长石污染；再将刻蚀结束的样品用蒸馏水清洗 3 遍，加入 10% 的 HCl 去除氟化沉淀物，最后将样品置入 45 ℃ 的烘箱中烘干，装袋标记以备上机检测石英纯度和测定剂量率值。光释光样品前处理、制备及测年均在青海师范大学第四纪年代释光测试分室内完成。环境剂量率 238U、232Th、40K 元素含量在西安地质调查中心采用电感耦合等离子体质谱法（inductively coupled plasma mass spectrometry，ICP-MS）测定完成。基于研究区周围的温湿度情况和前人对青海高原黄土的 OSL 年代测定结果（Liu 等，2012），本研究计算 OSL 年代过程中采用历史估测含水量值 2%~14%。

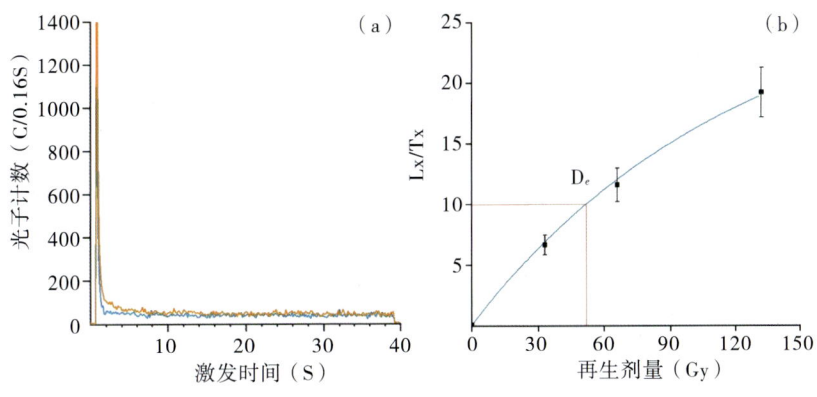

图 1-15　样品的衰退曲线（a）和生长曲线（b）

3. 贝叶斯模型的年代-深度关系构建

准确的年代-深度关系的构建和对其不确定性的现实评估是比较和关联晚第四纪地层代用记录的基本先决条件之一（Trachsel 等，2017）。Bacon 方法利用伽马自回归半参数模型，该模型使用具有任意数量分区的分层结构并融合先验信息来控制沉积速率。同时，该方法采用了具有自适应性和稳健性的马尔可夫链蒙特卡洛（Markov Chain Monte Carlo，MCMC）抽样算法来对特定深度的年代控制点误差范围进行多次迭代，进而排除年龄异常值，并拟合最优的年代-深度变化曲线，从而重建采样点的沉积变化历史。

针对环境记录的测年数据，本团队使用了两种处理方式：对于无法获取对应地层深度数据的数值化环境记录，我们直接采用了原图谱中的年代记录；而对于附带有地层深度记录的环境记录，本研究采用了 Rbacon（版本 3.2）建立年代-深度模型以及进行日历年校正，该模型有 4 个关键参数。综合前人研究的结果（Cao 等，2013；Harrison 等，2022；Li C 等，2022），设定了参数 acc.shape 为默认值 1.5mem、参数 acc.mean 设置为通过剖面所测得的年龄和深度之间的线性回归曲线斜率、参数 mem.strength 设定为 20、参数 mem.mean 根据不同环境沉积物平均沉积速率的

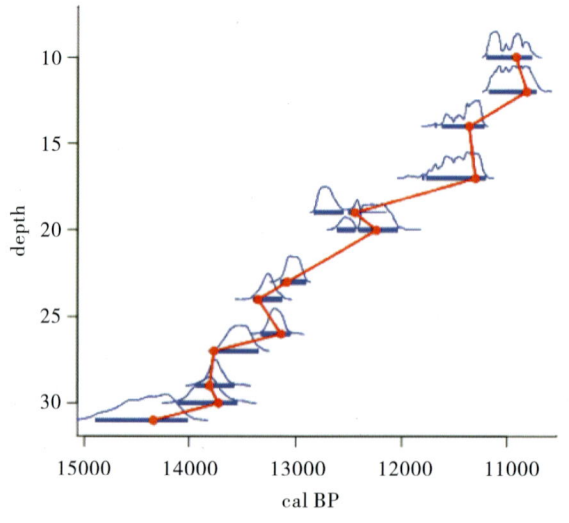

图 1-16　Rbacon 模型对年代-深度关系建模拟合过程

差异进行修改，如湖泊、黄土等沉积物给定为 0.3，泥炭沉积物则给定为 0.7（Li C 等，2022）。对于常规 ^{14}C 年代，本研究使用了 R 包 rInt Cal 以及 Int Cal20 的北半球陆地模式曲线进行校正（Heaton 等，2020），最终研究成果符合实际情况的年代学模型，为后续环境演变研究提供了重要基础。

（二）史前人类活动遗存分析

1. 石器类型学分析

石器是旧石器时代人类使用最为普遍的工具之一，其制作技术能够反映出先民生产能力和技术水平的高低（高星等，2006）。通过分析石器及其组合，可以观察到史前人类的认知能力和其在特定环境下所采取的适应策略，进而揭示史前人类在石器制造、迁移扩散及社会组织行为关系等方面的信息（王幼平，2006）。

在本研究中，对采集的所有石制品进行编号，并判断或统计典型石制品的物理性质、磨蚀程度、风化程度并测定其长（mm）、宽（mm）、厚（mm）和质量（g）等基本参数，进而开展详细的类型学分析。其中，石器的物理性质可分为大小与尺寸、形状、质量、岩性、颜色、条痕、光泽、透明度、硬度、解理、断口、脆性和延展性、弹性和挠性、相对密度、磁性、发光性、电性和其他性质。磨蚀和风化程度分别是指石制品被搬运的程度和被埋藏前暴露的化学变化程度，其判断标准以表1-1（卫奇等，2013）为参照。石器打制技术按照学界共识划分为模式一、模式二、模式三、模式四、模式五。石器类型可细分为旧石器中的砍砸器、刮削器、尖状器、石核、石叶、镞等，新石器中的斧、凿、刀、镰、犁、矛等。石制品的具体研究采用卫奇等（2001）的划分方案，具体可划分为精制品、粗制品、断块、石锤、石砧、石核及石片等七类，其中石片划分标准参照 Toth（1985）提出的标准。石制品长度指其两端最大距离，宽度指其与长度垂直的两端最大距离，厚度指其长和宽相交平面垂直的两端最大距离。以上长、宽、厚等参数均指石制品的最大长、宽、厚，单位均以毫米（mm）表示。

表 1-1　石制品磨蚀程度和风化程度的等级划分

参数	等级	描述	参数	等级	描述
磨蚀程度	Ⅰ	磨蚀轻微或未被磨蚀	风化程度	Ⅰ	风化细微或未经风化
	Ⅱ	轻微（略有）磨蚀		Ⅱ	轻微（略有）风化
	Ⅲ	中度磨蚀		Ⅲ	中度风化
	Ⅳ	高度磨蚀		Ⅳ	高度风化
	Ⅴ	重度磨蚀，但可辨认出人工痕迹		Ⅴ	重度风化，但可辨认出人工痕迹

2. 陶器类型学与纹饰特征分析

以陶器产生的视角来看，陶器是考古遗存资料中数量最多且类型最为复杂多样的人工遗存类别（赵辉，2019）。一般认为，不同文化阶段或不同时期的陶器不仅在器物形态、尺寸大小等方面存在差异，而且在陶色、质地和纹饰等方面也常有差别。例如，研究区新石器时期的马家窑文化（距今5300—4000年）器物多以泥质细陶为主。纹饰方面，平行条纹、旋涡纹是马家窑类型器物的典型纹饰；菱格网纹、锯齿纹则常在半山类型器物中多见（韩建业，2013）；而神人纹/蛙纹、四大圆圈纹多见于马厂类型器物（谢端琚，2002）。宗日文化（距今5200—4100年）器物以乳白色夹砂粗陶居多，纹饰以风格化鸟纹、折尖三角纹等为主（陈洪海等，1998）。青铜时期的卡约文化（距今3600—2600年）和辛店文化（距今3400—2700年）器物制作工艺略显粗糙，器型单调，多为夹砂粗红陶，以鹿、羊、牛、犬、鹰及鸟等动物纹饰居多（乔虹，2005）。再如某些特殊纹饰（如附加堆纹）多流行于新石器时期的夹砂粗陶器物上，在与研究区邻近的卡若文化（西藏自治区文物管理委员会等，1985）、宗日文化（陈洪海等，1998）和马家窑文化（谢端琚，2002）中均较为常见。本研究主要是对典型陶器残片的质地、陶色、纹饰等进行定性描述，并在此基础上用以推断遗址的文化属性，进而初步认识遗址的相对年代（表1-2）。

另外，本研究还对陶器残片进行类型学断代，并进行X射线荧光光谱分析（XRF）、X射线衍射（XRD）矿物分析等，以便更好地探讨宗日文化区和马家窑文化区彩陶的产源地及贸易。

表 1-2　陶器类型学与纹饰特征系统分析

器物形体		纹饰	
陶质	泥质细陶	彩绘纹饰	旋涡纹
	夹砂粗陶		波浪纹
陶色	橙红色		弧边三角纹
	黄色		折线纹
	黑色		蛙纹
	灰色		平行线纹
陶衣	有陶衣		贝叶纹
	无陶衣		圆圈纹
器型	壶		回旋纹
	罐		网格纹
	盆		菱形纹
	钵		……
	瓶	物理纹饰	附加堆纹
	勺		刻画法
	斗		绳纹
	盉		篮纹
	鼎		（斜）方格纹
	三足器		凹弦纹
	异形器		云雷纹
	仿生器		……
	……		
器耳	单耳		
	双耳		
	三耳		
	四耳		
	无耳		
	高低耳		
	……		
加工	粗陶无打磨		
	细陶精打磨		
制作方法	泥条盘筑法		
	覆模法		
	轮制法		
	……		

3. 动物骨骼分析

动物资源的开发和利用是古人类生业模式的重要组成部分（戴静雯等，2021），通过对遗址内发现的动物遗存进行考古学分析可直观地了解先民获取肉食资源的偏好，甚至可以推测出遗址周围的自然环境（任乐乐，2018）。目前，动物骨骼的分析主要采用定量统计法，统计过程根据鉴定标本数、最小个体数、肉量统计三个指标进行（袁靖，2015）。动物骨骼鉴定分析必须将现生动物标本、古代动物标本及动物骨骼图谱相结合，本研究的对比标本来自中国社会科学院考古研究所科技考古中心动物考古实验室和中国科学院古脊椎动物与古人类研究所的现生动物标本和古代动物标本，参阅《动物骨骼图谱》（Schmid 等，1992）、《中国鹿类动物》（曹克清）等，并与南京大学考古系进行标本联合鉴定分析。

4. 考古遗址集成分析

考虑到考古资料的发掘与研究具有随机性，仅凭单一的研究资料很难深入认识早期人类对环境变化所采取的适应策略（陈胜前，2007）。因此，将考古资料集成或汇总分析，是我们全面认识早期人类适应环境变化的有效途径之一（张山佳等，2017）。前人研究工作表明，考古遗址中的植物比例变化可用以探讨早期人类对植物资源的利用情况（张山佳等，2017），而生产工具的种类和数量则可在某种程度上反映过去社会生业经济和发展水平状况（李中轩等，2018）。

本研究中，该方法主要用于探讨不同海拔地区的生业模式（适应策略）差异。具体的集成步骤为：首先将从研究区搜集整理的全部遗址的考古文化类型转换为相对应的年代区间，然后以 500 年为间隔，将研究资料较为翔实的旧石器时代晚期末段至青铜时代（距今 15000—2000 年），大致划分为 10 个阶段（如从距今 14500—14000 年开始，依次类推至距今 3000—2500 年），最后通过下式计算得到不同年代范围内的植物资源和生产工具分别在整个遗址数量中的占比：

$$P = \frac{n}{N} \times 100\%$$

式中，P 为某一年代范围内的农作物或生产工具占比（%），能够指示某一年代区间内的生产经济状况；n 为处于某一年代范围内的农作物或生产工具个数；N 为处于某一年代范围内的遗址数量。

（三）环境指标实验分析

1. 粒度的指示意义及测试方法

粒度作为恢复古环境的重要指标，可判别沉积物在沉积过程中的搬运方式、动力条件及区域沉积环境，故其在揭示气候变化和环境变化方面具有指示意义（胡梦珺等，2012）。以风成沉积物而言，< 4 μm 的粒度组分可指示成壤作用的强度（赵锦慧等，2008）；> 5 μm 的粒度组分能够指示冬季风强度（谢远云等，2002）；> 63 μm 的粗颗粒粒度组分含量变化可指示风沙活动过程（丁仲礼等，1999；Qiang 等，2013）。粒度参数中的分选系数可代表沉积物的分选状况，系数越小指示沉积物分选状况越好，反之沉积物分选状况越差（吴晓英等，2015）。平均粒径代表沉积物颗粒大小分布的集中度，较高的平均粒径值指示不稳定的沉积条件，而较低的平均粒径值则指示相对稳定的沉积条件（殷志强等，2008）。基于此，本研究选择 < 4 μm、> 63 μm 各粒度参数并结合其他环境代用指标结果用以重建祁连山地区的古环境状况。

粒度实验的前处理与测试均在青海师范大学自然地理与环境过程重点实验室下的粒度分室内完成。具体实验参照鹿化煜和安芷生（1997）的方法。

2. 磁化率的指示意义及测试方法

磁化率（magnetic susceptibility）是指物质在外磁场的影响下，所获得的磁化强度与磁场强度比值（卢升高，2003），常被作为重要的气候代用指标而广泛应用于古环境的重建（夏富君，2019）。有研究表明，磁化率值的高低能够反映夏季风强度变化（Li Z 等，2014；梁潇等，2021）：当季风增强、气候湿润、降水增多时，磁化率值呈高值，代表着较为温暖的气候环境；相反，磁化率低值则反映一种较干冷的气候环境。同时磁化率亦可作为反映古人类活动的替代指标（史威等，2007；董广辉等，2008；张岩等，2014），即先民在开展用火或其他人类活动时，产生大量的细颗粒磁性矿物，进而改变环境中物质的磁性特征。本研究中该指标结合其他代用指标用以探讨环境的变化。

磁化率实验的前处理与测试均在青海师范大学自然地理与环境过程重点实验室完成，本研究主要采用低频质量磁化率值（χlf）（单位为$10^{-8}m^3/kg$）。

3. 色度的指示意义及测试方法

土壤颜色是土壤显著的理化特征之一，能够在一定程度上反映土壤形成过程中的气候环境状况，因此可作为研究土壤沉积环境和古气候变化的良好替代指标（陈一萌等，2006）。其主要包含三种，即亮度L*、红度a*和黄度b*（Sun等，2011）（图1-17）。前人研究表明（田庆春等，2012），L*值呈高值时不能说明碳酸盐的含量较高，而是反映气候的干旱状况，表现在有机质积累差，沉积物颜色发亮。a*指示区域内的地表植被盖度，当气候暖湿时风力弱、植被盖度高、红色物质输入相对较少；反之则风力强、植被覆盖度低、红色物质输入相对较多（鄂崇毅等，2013）。本研究选用具有环境指示意义的L*和a*来揭示研究区域的环境状况。

色度实验的前处理在青海师范大学自然地理与环境过程重点实验室内完成。采用由日本Konica Minolta公司生产的CM-2500c分光测试仪进行测量。

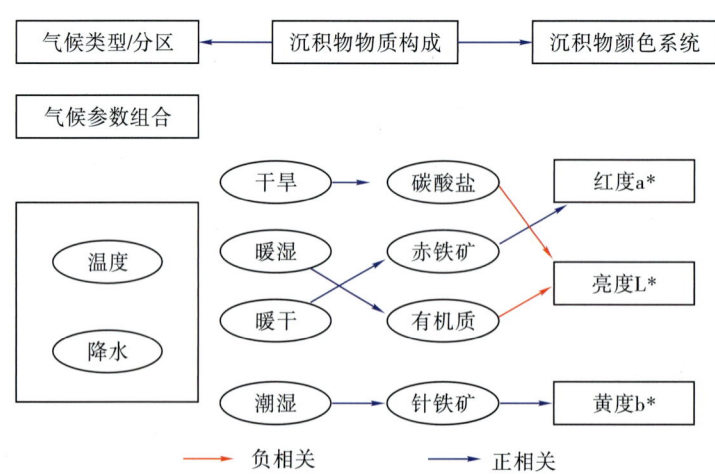

图1-17 色度指标与受控因素关系图（修改自Sun等，2011）

4. 有机质的指示意义及测试方法

土壤总有机碳（total organic carbon，TOC）是反映土壤肥力的重要指标（Tiessen等，1994）。土壤有机质的含量和组成与土壤所含微生物残体、动植物分解残余物、气候环境变化等内容密切相关,蕴含着丰富的古气候与古环境信息(Tiessen 等,1994)。其中,气候是有机质的主要控制因素(谢巧勤等,2012),温暖湿润的气候环境适宜生物生长,土壤的生物量和生物活动强度随即提高,生物成壤作用增强,致使有机质积累量增加;反之,有机质积累量降低。

TOC 实验的前处理与测试均在青海师范大学自然地理与环境过程重点实验室内完成。本研究使用德国 Elemertar 公司生产的 Vario TOC cube 总有机碳分析仪测量,共测量 43 个样品。完成上述操作后上机测试,测得酸化后的值(单位为%),再利用以下公式对所得值加以矫正,得到 TOC 实际值(单位为%)。

$$TOC = \frac{(m_3 - m_1)}{(m_2 - m_1)} \times TOC'$$

5. 炭屑的指示意义及测试方法

炭屑主要是指植物在不完全燃烧或高温(280 ℃~500 ℃)状况下,分解产生的黑色多孔无机碳化合物(李小强等,2006)。因其具有耐高温、耐酸碱、产量大、易保存等特点,现已成为重建过去不同时间尺度区域生态、植被、气候及人类活动的重要依据(Miao 等,2016;Tan 等,2018)(图 1-18)。在一般情况下,当炭屑浓度高时,指示火灾活

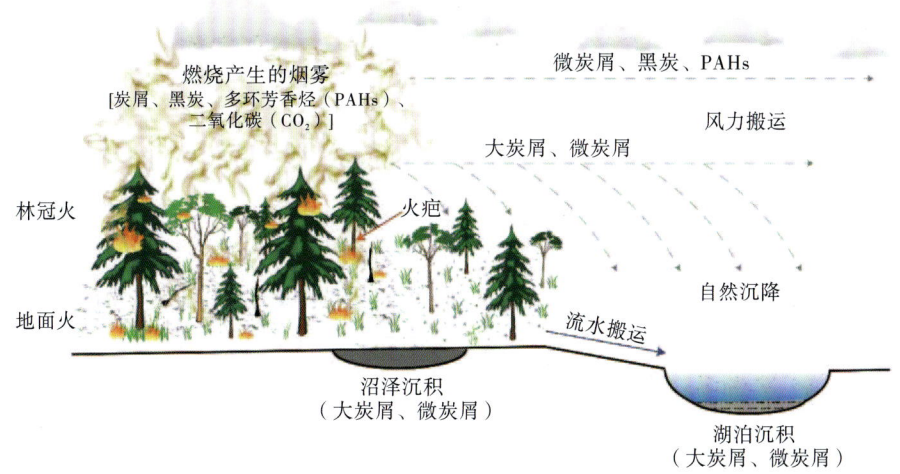

图 1-18 火燃烧产物与主要迁移、沉积过程示意图(崔巧玉,2020)

动较为剧烈，反之则指示火灾活动较平缓（曹艳峰等，2007；李成等，2019）。在人类长期生产生活的区域，炭屑含量在反映区域内的人口数量和人类活动强度方面也有重要指示作用（李宜垠等，2009）。此外，炭屑的不同粒度级（0~50 μm、50~100 μm、> 100 μm）同样具有不同的指示意义，例如 < 50 μm 的炭屑反映区域内火灾活动，> 50 μm 的炭屑反映的是当地火灾事件（李宜垠等，2009）。本研究中该指标主要用于反映古人类活动信息。

炭屑实验的前处理和统计分别在青海师范大学自然地理与环境过程重点实验室和中国科学院青海盐湖研究所花粉实验室内完成。本研究采用氢氟酸筛选和重液浮选相结合的方法，主要流程如图 1-19 所示。在统计炭屑的过程中对石松孢子个数也进行统计，以换算炭屑浓度。其浓度计算公式（王梓莎等，2020）如下：

$$W = \frac{L_t}{L_f} \times S/G$$

式中，W 为炭屑浓度（粒/g），S 为所统计的炭屑个数（粒），L_t 为加入样品中的石松孢子个数（110315 粒/片），L_f 为样品中所统计的石松孢子数，G 为样品重量（50 g）。

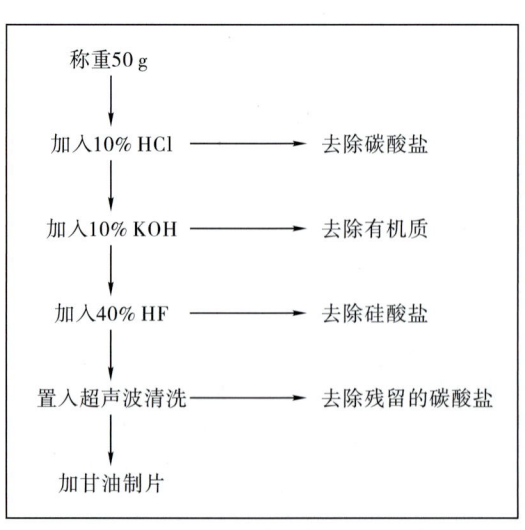

HCl—盐酸；KOH—氢氧化钾；HF—氢氟酸。

图 1-19 炭屑、粪生真菌孢子和花粉指标的前处理流程

6. 花粉的指示意义及测试方法

自然界中植物群落对气候和环境变化较为敏感，而花粉由于具有体积小、数量多、易保存等特点常被用来评估过去人类活动、植被及气候变化状况，目前已成为地理学、生态学及考古学等研究领域中最为可靠的研究方法之一（郑卓等，2004；唐领余等，2021）。前人研究工作表明，某些花粉种类组合对恢复古环境有较好的指示作用。近年来也有相关研究指出，一些具有特殊意义的花粉种属（如酸模属、地榆属、委陵菜属、堇草属、伞形科、百合科、藜科、豆科以及车前属、紫菀属、狼毒属等），可用来指示人类活动（畜牧或农耕）强度（Herzschuh等，2014；Huang等，2017；Wei H等，2018）。

花粉实验的前处理和统计分别在青海师范大学自然地理与环境过程重点实验室和中国科学院青海盐湖研究所花粉实验室内完成。花粉提取流程与上述的炭屑前处理流程一致（图1-19）。花粉形态类型主要参照王伏雄等（1997）和唐领余（2016）所发表的图版进行对比鉴定，每个样品至少统计200粒。利用Tilia软件绘制花粉百分含量图。花粉浓度计算公式如下：

$$P_c = \frac{L_t}{L_f} \times \frac{P_f}{G}$$

式中，P_c为花粉浓度（粒/g），L_t为加入样品中的石松孢子个数，L_f为所统计的石松孢子个数（10315粒/片），P_f为统计的化石花粉数，G为样品重量（g）。

7. 粪生真菌孢子的指示意义及测试方法

粪生真菌（dung fungal）指的是一个真菌群落，只栖息于食草动物的粪便中。当食草动物摄食带有孢子囊的植物时，它们会通过消化系统在粪便中孵化繁殖，然后以粪便为基质释放到周围环境中（Baker等，2013）（图1-20）。粪生真菌孢子现已成为评估畜牧强度的变化过程、过去生态环境、人类活动变迁和食草动物种群数量及分布区域变化等方面的重要环境代用指标（郝秀东等，2015；魏海成等，2021；Zhang等，2021）。本研究中该指标用来反映人类的畜牧活动。

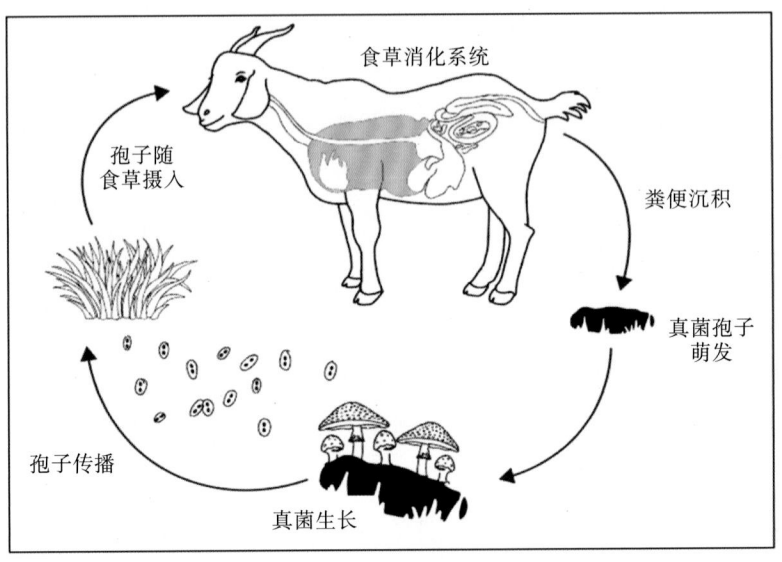

图1-20 粪生真菌孢子生命周期示意图（修改自Lee等，2022）

粪生真菌孢子实验的前处理和统计分别在青海师范大学自然地理与环境过程重点实验室和中国科学院青海盐湖研究所孢粉实验室内完成。提取流程与上述的炭屑前处理流程基本一致（图1-19），在此不再赘述。

8.脂类残留物分析

食物是人类生存的重要资源之一，对食物资源利用策略的研究是理解早期人类适应青藏高原环境的关键（王建等，2020）。在高原上出现农牧业之前，依赖野生动植物资源成为狩猎采集人群的唯一选择（Chen等，2015）。本书在研究过程中运用气相色谱-燃烧炉-同位素比值质谱（GC-C-IRMS）方法测试动物脂肪中的软脂酸（$C_{16:0}$）和硬脂酸（$C_{18:0}$）的碳同位素值（$\delta^{13}C$），利用脂肪酸单体碳同位素模型对非反刍动物体脂、反刍动物体脂及反刍动物乳脂加以区分（Copley等，2003；Evershed等，2008；Dudd等，1998；Craig等，2005；Evershed等，1994）。由于饱和脂肪酸合成路径存在代谢差异，因此不同脂肪具有不同的$\delta^{13}C_{16:0}$和$\delta^{13}C_{18:0}$分布范围（Dudd等，1998）。

脂类残留物的提取与测试在中国科学院大学内完成。具体实验参照考古油脂提取的既定方法（孙诺杨等，2022；Craig等，2013），GC-MS

测试的条件及步骤参考 Han 等人的做法（Han 等，2022；Jin 等，2023；Regert，2011）。

（四）GIS 空间分析与数理建模

使用 R 语言编程平台、Canoco 5.0、C2 和 SPSS 软件进行相关分析（CA）、主成分分析（PCA）和聚类分析（CONISS）等，完成花粉、粪生真菌孢子、炭屑、有机质等实验数据的统计与分析工作，完成高原高海拔地区环境演变序列的集成建模（图 1-21）。

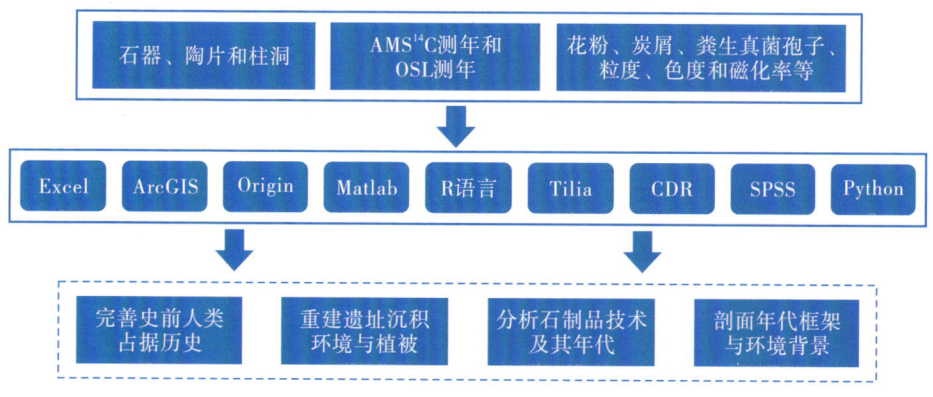

图 1-21 实验数据统计与分析

1. 地理信息系统分析与制图

基于 ArcGIS 软件中的缓冲区分析、最短路径分析、叠加分析和网络分析等功能，分析史前遗迹的时空演变及与环境变量（海拔、地貌、植被等）的关系，探索史前人类行为模式（如狩猎采集者、农业种植者、畜牧者）、活动范围、资源域及其与环境的相互作用等；与遥感技术（RS）图像判读等相结合来判断极端地质灾害事件、植被覆盖变化等。

2. 区域人类迁移路线模拟

稳定的交流路线是人类活动的产物，这些路线成为人类交流和沟通的重要渠道和媒介，同时也是人类文明发展史中必不可少的组成部分（Lancuo 等，2019；周俭，2012）。人类于不同时期在高原开展石料、农业、器物、技术及文化等方面的交流（董广辉等，2022；张全等，2022；侯光良等，2016；张东菊等，2016），逐步形成了高原"彩陶之路""玉石之路""唐蕃古道""高原丝绸之路"及"茶马古道"等路线（韩建业，2013；杨伯达，2004；陈小平，1987；霍巍，2017）。这些路线的形成是人类在高原不断循环累积、逐步扩张与交流的结果，并非一蹴而就（侯光良等，2021）。因此，研究早期人类活动路线，探讨其可能存在的迁移模式，对理解人类在极端环境下的生存方式和适应策略具有重要意义。

为了模拟路线的可达性，我们首先需要估计史前人类可能移动的距离范围。在旧石器时代晚期，人类在获取资源、石器制品流通和不同群体之间交流的社会网络距离范围是100~300 km（Whallon，2006；杨石霞和岳健平，2020）。在这个范围内每个群体只对其所占据的一部分环境进行开发，而其余的环境资源则被其他群体所开发（陈淳和张萌，2018）。在自然环境中活动时，史前人类需要克服自然地理的影响，因此他们在有限范围内会尽可能地降低迁移活动的成本（Lancuo等，2023）。基于前人对青藏高原旧石器时代晚期人群的研究（Brantingham等，2013），我们将发现人类活动遗存较丰富的遗址作为中心，其周围半径200 km的地区是狩猎采集人群活动的最大范围。假设这个最大范围内的资源是均衡的，那么狩猎采集人群选择并利用该区域内资源的最短距离约为40 km（Blades，1999）。利用Whallon（2006）的狩猎采集者社会网络模型，我们估算在遗址的最大活动范围内（半径为200 km的范围）的资源可以供给25个狩猎采集者群体。在此基础上，利用ArcGIS中的Create Random Points工具生成25个随机点作为模拟路线的节点，利用最小成本驱动的流量累积模型模拟研究区域早期人类活动路线的可达性。

流量累积模型算法依赖于汇流累积量计算（汤国安和杨昕，2012）。鉴于青藏高原特殊的自然地理特征，我们选择坡度、河流、植被和高程等与人类活动迁移相关的因素作为模拟路线的成本参数。对所选成本参数进行分级和归一化处理，随后对参数采用平方根加权法计算权重（兰措卓玛，2021）。通过权重计算将形成一个综合成本面，该成本面将对流量累积模型的方向和距离起决定性作用（Lancuo等，2023）。接着运用ArcGIS水文工具中的流量累积模型，以成本面作为方向和距离的行列式，计算随机点之间的流量累积（图1-22）。生成的矩阵（网络）由随机点连接线组成,其中,任意两点连接的路线是连接两点的最低成本路线。然而,考虑到人类在一定范围内的迁移,特别是在长途迁移中,可能会选择一些中间过渡位置,因此这些路线并不对应于现实生活中的最优解。因此,为了得到符合人类迁移的最优路线,我们采用Steiner最小树原则,提取连接网络中多个点的总权重最小的路线集作为最终模拟路线的主干(陈智豪等,2016;兰措卓玛,2021)。

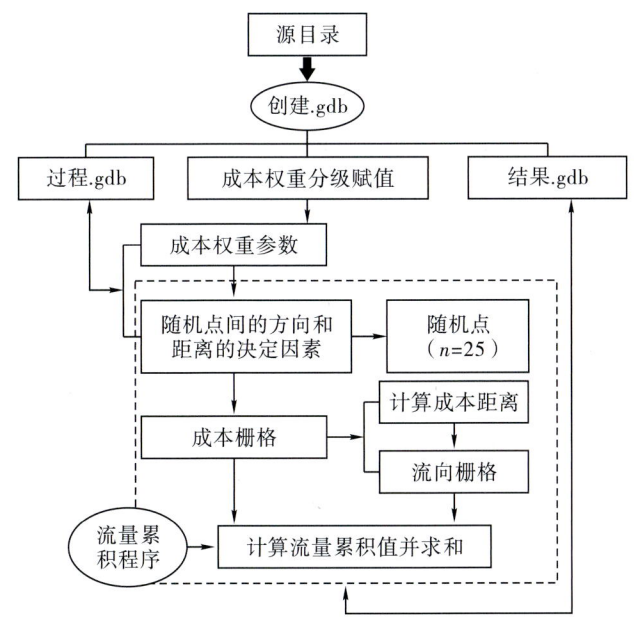

图1-22 随机点间的流量累积模型流程

3. 德尔菲法

德尔菲法是由调查者拟定调查表,按照规定程序通过函件征询专家组成员意见,专家组成员之间通过调查者的反馈材料匿名地交流意见,经过若干轮反馈,专家们的意见逐渐集中,最后获得有统计意义的专家集体判断结果。德尔菲法通常依赖于包含一定数量专家的专家组,通常专家组比专家个人考虑得更加全面,可以通过信息、知识的协同使权重更加合理。目前,德尔菲法已经被广泛运用于资源环境管理、政府管理、企业管理等社会科学领域。因此,本研究生态文化评价指标体系权重确定的主观方法选择德尔菲法是比较合适的。

4. 熵值赋权法

熵值赋权法简称熵权法，是根据各指标传输给决策者信息量的大小来确定权重的方法。在信息论中，熵值反映了信息的无序程度，某项指标的信息越大，提供的信息量就越小，表明其指标的变异程度就越小，在综合评价中起的作用就越小，则该指标的熵权越小；反之越大。熵权法具有突出局部差异、避免人为影响、赋权过程透明化等特点，能尽量消除各指标权重的人为干扰，使评价结果更符合客观实际。

三、评价指标体系

采用上述方法中的德尔菲法遴选生态文化价值综合评价指标，发放专家咨询问卷，对专家意见进行综合考量，最终确定了评价指标体系的所有指标，形成了完善的评价体系（表1-3）。

表1-3　生态文化价值综合评价指标体系

目标层	准则层	子准则层	项目层	解释
生态文化价值综合评价	传统生态文化价值	物质文化	古遗址	遗址的数量；占地面积；等级
			古墓葬	墓葬的数量；占地面积；等级
			古建筑	建筑的数量；占地面积；等级
			石窟寺及石刻	石窟寺及石刻的数量；占地面积；等级
			近现代重要史迹及代表性建筑	重要史迹及代表性建筑的数量；占地面积；等级
			其他	其他类别的物质文化数量；占地面积
			名山	当地居民转山、朝拜的频率；神话故事的影响力；文创产品的影响力和等级；举办相关活动的次数等
			胜水	当地居民祭拜的频率；神话传说的影响力（词条热度）；举办相关活动的次数等
			动物	包括物种的数量、种类
			植物	包括植物的数量、种类

续表

目标层	准则层	子准则层	项目层	解释
生态文化价值综合评价		非物质文化	民间文学	口头文学的数量；等级
			传统音乐	传统音乐的数量；等级
			传统舞蹈	传统舞蹈的数量；等级
			传统戏剧	传统戏剧的数量；等级
			曲艺	曲艺的数量；等级
			杂技与竞技	杂技与竞技的数量；等级
			传统美术	传统美术的数量；等级
			传统手工技艺	传统手工技艺的数量；等级
			传统医药	传统医药的数量；等级
			民俗	民俗的数量；等级
	新兴生态文化价值	研学教育基地	自然博物馆	博物馆的数量；占地面积
			生态科普馆	科普馆的数量；占地面积
			观测台站	观测台站的数量；占地面积
			陈列馆	陈列馆的数量；占地面积
			美术馆	美术馆的数量；占地面积
		科普宣传	媒体宣传	包括发布文字、图片、视频的次数；宣传的影响力（浏览量）
			科普活动	举办的科普教育活动的规模；数量
			交流合作	开展交流合作活动的频率或次数
		文件文本资源	生态制度	包括颁布的地方性法规、规章制度、报告和政策文件的数量
			论文著作	研究论文和著作的数量；等级；影响因子
			自然文学	自然文学作品的数量、影响力
	经济条件价值	社会经济条件	第三产业	第三产业总产值
			基础设施	区域内的基础设施条件
			人均GDP	区域的GDP与人口数量的比值

注：GDP——国内生产总值。

为了避免德尔菲法的主观性太强,可以结合熵权法这种较为客观的评价法对生态文化价值进行综合评估(具体指标数据可以从区域的统计年鉴、普查报告、政府工作报告、环境质量公报、区域国民经济和社会发展统计公报等渠道获得)。具体操作方法是先对数据进行归一化处理,求出各指标在各方案中的比值,以及各个指标的信息熵,接着得出各指标的权重值,权重在0~1,最后进行线性加权得到方案的综合得分。

在熵权法中,熵值越大,表示指标的信息不确定性越高,权重越小;反之,熵值越小,表示指标的信息不确定性越低,权重越大。整体综合得分在0~1,得分越高,生态文化价值的综合评价越优。

第二章

祁连山地区区域概况

祁连山，横亘于青藏高原与河西走廊之间，既是西北重要的生态屏障，也是多元文化交融的历史走廊。本章从自然与人文的双重视角，勾勒祁连山地区的地理特征及其孕育的独特文化风貌，通过梳理自然环境与人类活动的互动关系，揭示这片土地承载的生态价值与文明记忆，为后续探讨生态文化奠定地域基础。

第一节　自然环境概况

祁连山处于黄土高原、蒙古高原以及青藏高原的交会地带（Wang et al.，2019），横跨青海和甘肃两省，地理位置独特。作为阻止腾格里沙漠、巴丹吉林沙漠和库木塔格沙漠南侵的天然屏障，祁连山在维系区域生态稳定方面发挥着重要作用（张军周，2018）。与此同时，祁连山被公认为全球重要的高寒物种资源库，栖息着大量珍稀物种和特有物种，是野生动物迁徙的关键通道、重要栖息地及分布区，在保护生物多样性方面具有重要价值（丁文广等，2022）。

祁连山特殊的地理位置和生态功能造就了其复杂多样的自然特征。其地形地貌涵盖山地、峡谷、冰川和平原等多种类型；气候条件受纬度和海拔影响呈现显著的垂直分异和空间异质性；水文条件发达，是多条重要河流的发源地；植被类型多样，从高寒草甸到荒漠植被，因海拔和气候条件不同呈现明显的垂直分布格局；土壤种类丰富，包括高山草甸土、寒漠土、栗钙土等多种类型，为区域生物多样性和生态平衡提供了重要支持。

一、地理位置

广义的祁连山脉，是甘肃省西部和青海省东北部边境山地的总称。在青海境内位于柴达木盆地北缘，茶卡－沙珠盆地、黄河干流一线之北，北临青海省的省界，西起当金山口，东至青海省界，范围为35°50′N~39°19′N，94°10′E~103°04′E，祁连山是青藏高原东北缘的"湿岛"，其冰川融水通过黑河、大通河等河流滋养河湟谷地（黄河与湟水流域）和青海湖盆地，形成"祁连山—河湟—青海湖"生态链。本书仅对祁连山青海地区进行阐述，即祁连山青海地区，主要覆盖青海境内五个州（市）及下辖14个县（区、县级市），即海北藏族自治州（祁连县、门源回族自治县、刚察县、海晏县）、海南藏族自治州（共和县、贵德县）、海东市（互助土族自治县、化隆回族自治县）、海西蒙古族藏族自治州（德令哈市、乌兰县、天峻县）、西宁市（湟中县、湟源县、大通县）（图2-1）。祁连山脉在青海境内东西长870 km，南北宽100~200 km，海拔在2230~5799 m，山峰多在45600~5500 m，除主峰岗则吾结因海拔5808 m为极高山外，其余多为高山。

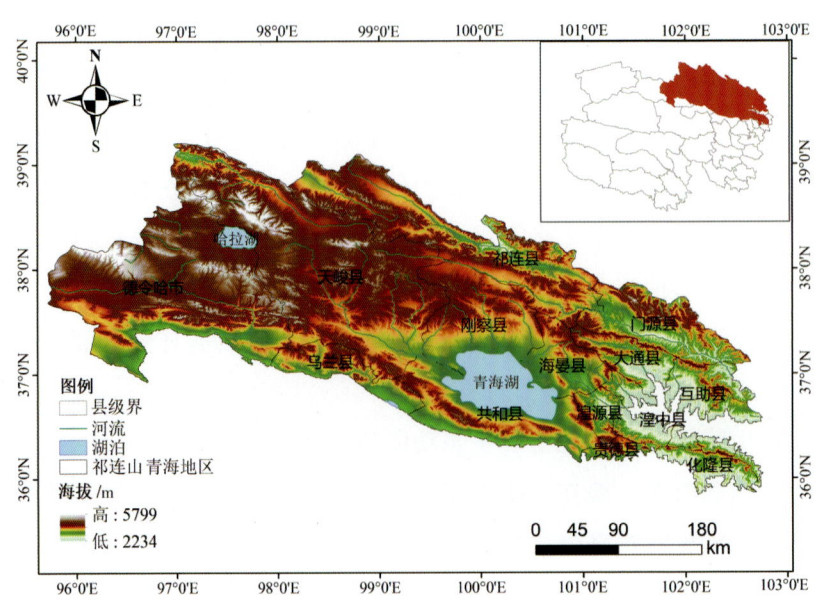

图2-1 祁连山青海地区概况图

二、地形地貌

祁连山脉是我国境内的主要山脉之一，在青海境内主要包括走廊南山、冷龙岭、托勒山、托来南山、疏勒南山、大通山、达坂山、党河南山、吐尔根达坂山以及青海南山等。由于剧烈的地质构造运动，该地区地形复杂，主要以西北—东南走向的高山、台地、山间平原及河谷为主。该地区南北两侧地形起伏较大，东西部地貌类型差异显著，东部主要表现为流水侵蚀地貌，西部以风蚀和冰川地貌为主（陈京华，2016）；整体呈现西北高东南低的特点（张卓，2022），相对高差大于 3500 m，4500 m 以上的高山区及河源区内发育有现代冰川和冰缘地貌（汪红，2022），如黑河源头的八一冰川。根据中国 1:400 万数字地貌数据（https://doi.org/10.11888/Geogra.tpdc.270602.），研究区域的地貌类型多样，包含了中、高海拔的剥蚀台地、冲积台地、洪积台地、冲积平原、洪积平原、冲积洪积平原、冲积洪积台地、剥蚀平原、洪积湖积平原、冰水沉积平原、冰碛平原、冲积河漫滩、干燥洪积平原；冰川作用的（大起伏、中起伏、小起伏）高山；冰缘作用的（大起伏、中起伏、小起伏）高山；冰川冰缘作用的（大起伏、中起伏、小起伏）高山；侵蚀剥蚀作用的（大起伏、中起伏、小起伏）高山和中山；侵蚀剥蚀的（高、低）丘陵和湖泊、现代冰川等（图2-2）。具体地貌区可以划分为以下几部分：

1. 祁连山中西部高山谷地地貌区

该地貌区位于阿尔金山以东，赛什腾山、柴达木山、宗务隆山、青海南山以北。区内高山林立，峡谷纵横，湖泊星罗棋布，河流或环绕湖泊流动，或穿越高山峡谷最终消失于内陆干旱盆地，或汇入黄河水系。

2. 青藏北缘柴达木 – 共和地貌区

该地貌区位于青藏高原的北缘。该区域的盆地形成与青藏高原的隆升和扩张密切相关，属于典型的高海拔盆地类型。盆地西部分布着众多低山，受到强烈风蚀，形成平行排列的丘岗或风蚀残丘。

3. 贵德 – 循化盆地群地貌区

该地貌区位于拉脊山以南、巴吉山以北，西起龙羊峡，东至松巴峡。该盆地的形成和演化主要受祁连、秦岭与昆仑构造带的影响，通过一系列断裂活动而逐步形成。循化盆地与其北侧和东南侧的拉脊山逆冲带及西秦岭北缘断裂带共同构成菱形构造，体现了青藏高原东北缘的典型构造特征（刘少峰等，2007）。

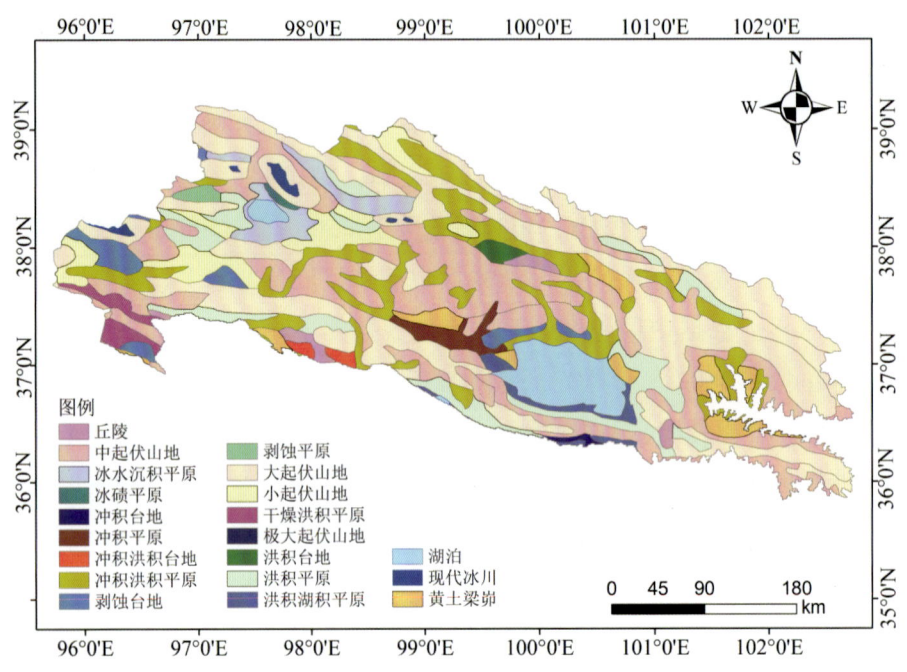

图 2-2 祁连山地区不同地貌类型

三、气候特征

青海境内的祁连山深居亚欧大陆内部，处于亚洲季风和北半球西风带的交互区，同时受到高山地貌的强烈影响，属大陆性高寒半湿润山地气候（戎战磊，2019）。根据 2018—2023 年 6 年的气象数据（https://doi.org/10.5281/zenodo.3114194），区域内年平均气温为 −17.2 ℃ ~7.7 ℃，西部托勒山附近气温最低；年降水量在 82.9~651.1 mm，60% 以上的降水集中在 6—9 月份，以冷龙岭为中心的区域年降水量大于 500 mm（赵良菊等，2011）。由于海拔、经纬度及山地地形的综合影响，整体上本区的温度和降水自西北向东南均呈现增加趋势（图 2-3）。祁连山地区整体太阳辐射较强，年均日照时数大于 2100 小时，年蒸发量在 1200 mm 左右，年

第二章 祁连山地区区域概况

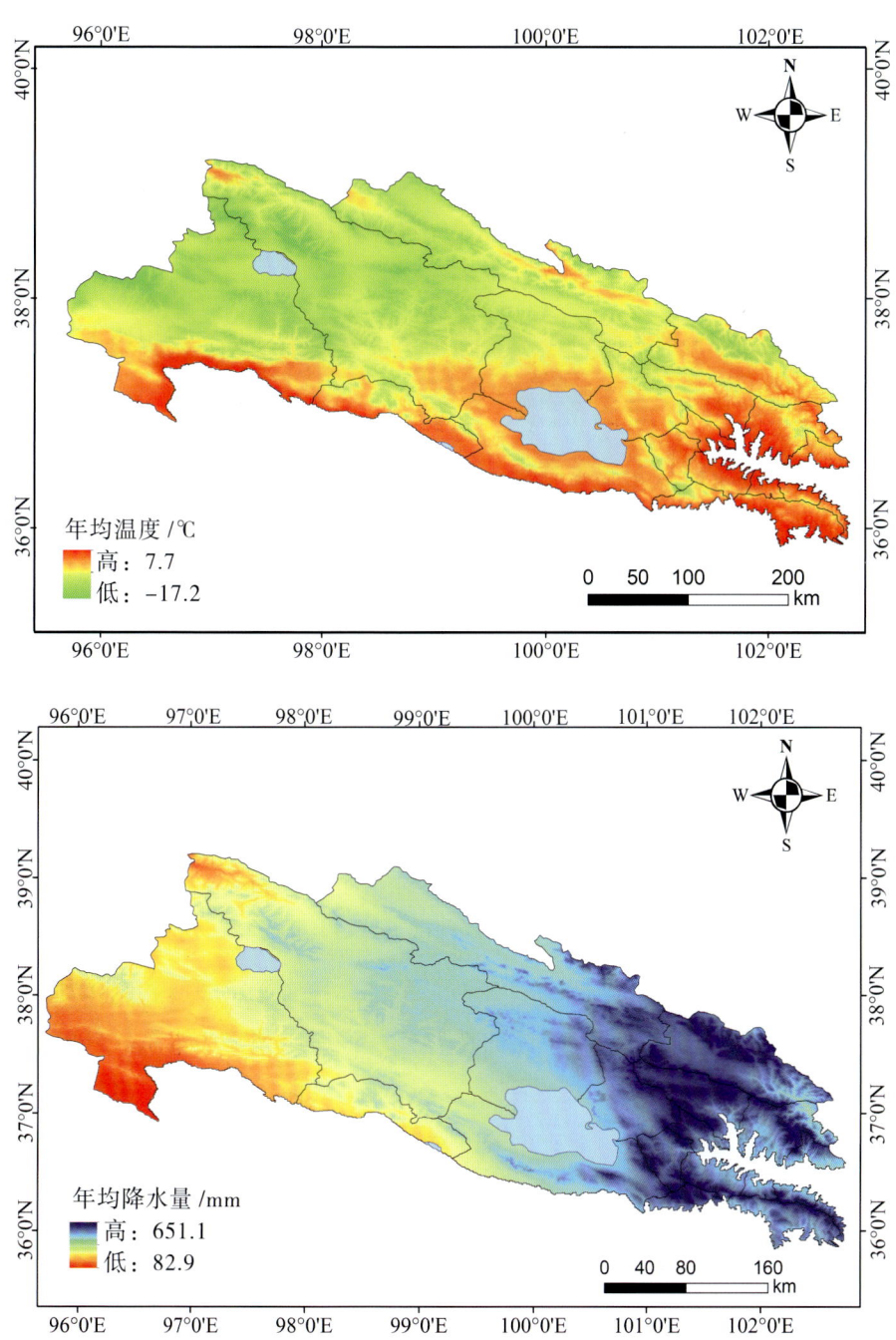

图 2-3 祁连山青海地区气温（上）和降水（下）分布图

相对湿度在 50%~70%，无霜期为 90~120 天（王清涛，2017；邱丽莎等，2020）。该区域内地域宽广、东西跨度大，气候具有明显的水平和垂直地带性差异，东部降水相对较多、气温稍高，中部过渡到半干旱气候，西部则具有干寒气候特征。此外，随着海拔梯度的升高，该区域的水热条件发生规律性变化，其温度的递降率约为 0.58 ℃/100 m，形成了不同特征的气候带，呈现的主要景观分别是浅山荒漠草原、浅山干草原、中山森林草原、亚高山灌丛草甸和高山冰雪（彭守璋，2015；张军周，2018）。

四、冰川与河流资源

祁连山储水以冰川为主，祁连山青海地区内更是冰川广布。该区域不仅是青藏高原东北部的"固体水库"，更是我国西北地区的重要水源涵养地。祁连山青海地区的冰川下限约为 4300 m，区域内冰川覆盖面积为 475.71 km²（https://cstr.cn/18406.11.Glacio.tpdc.270924），主要分布于河流上游，冰川融水是河流的主要补给来源（图 2-4 上）。区域内河流密布，河流流向东北进入河西走廊。冷龙岭是内流水系和外流水系的分水岭，内流水系包括黑河、疏勒河、托勒河、石羊河等（图 2-4 下）。黑河水系的年平均出山径流量约为 36 亿 m³，是祁连山青海地区河流资源的主要支撑（王学福，2020）。黑河水系包括托勒河、柯柯里河、油葫芦沟、东草河、八宝河、天盆河、黑沟河、扎麻什河等。疏勒河水系包括疏勒河干流、党河、尕河、登陇河、章宁河等。石羊河流域有东大河、水管河、宁缠河和倒阳河等，该流域内多数支流失去了与干流的从属关系，形成独立小水系。外流水系主要指大通河和湟水，其中大通河流域包括莫日曲、江仓曲、多隆河、头塘河、黑水河、白水河、老虎沟等。由于区域内海拔落差较大，河流水量自上游到下游趋于减少。

五、植被资源

祁连山青海地区内植被类型有草原、草甸、沼泽、荒漠、灌丛、针叶林、阔叶林、高山植被及栽培植物等 9 种类型（图 2-5）（DOI:10.12282/plantdata.0155），具有明显的高山高原特点。区域内主要树种有青海云

第二章 祁连山地区区域概况

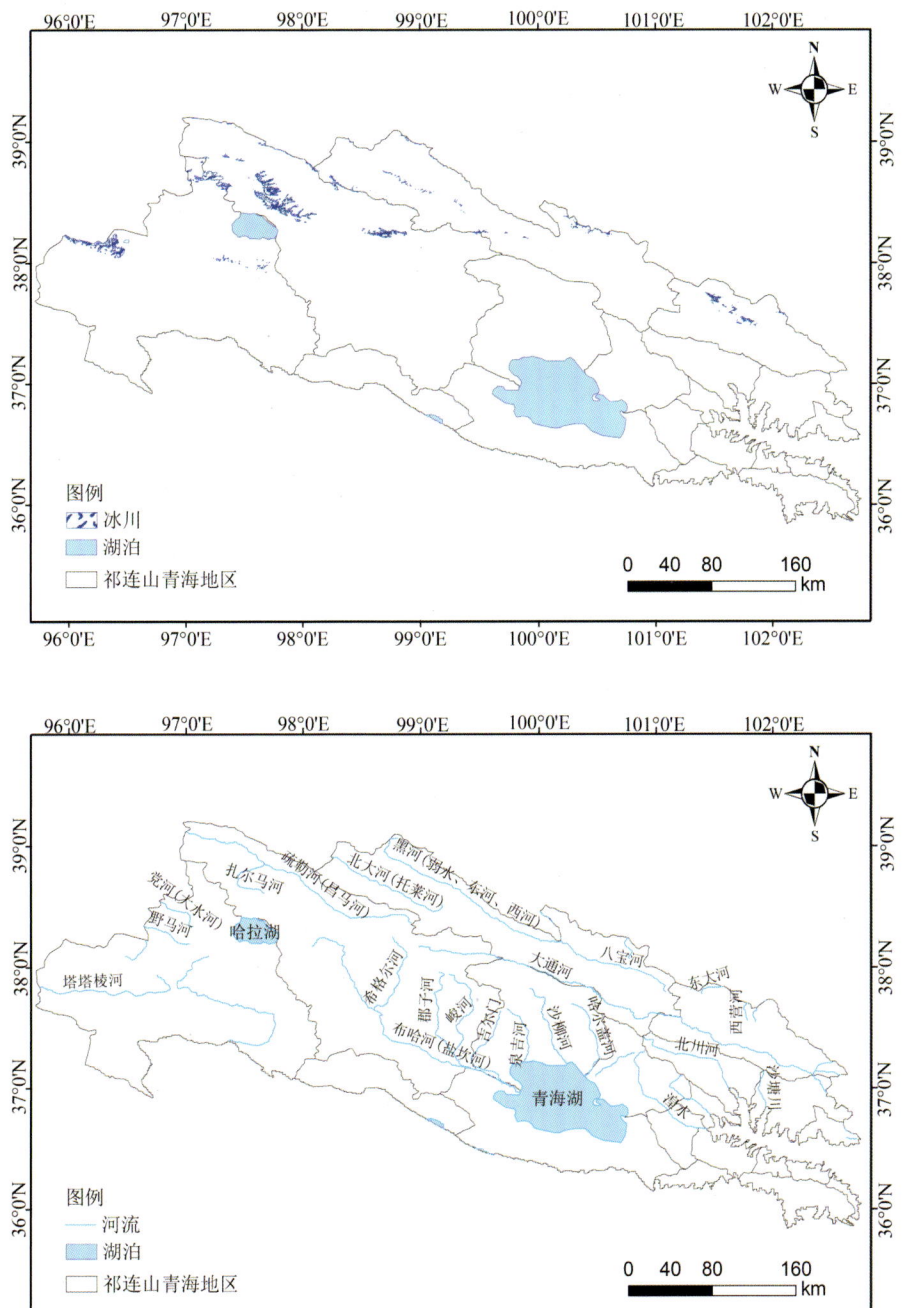

图 2-4 祁连山青海地区冰川（上）水系（下）分布图

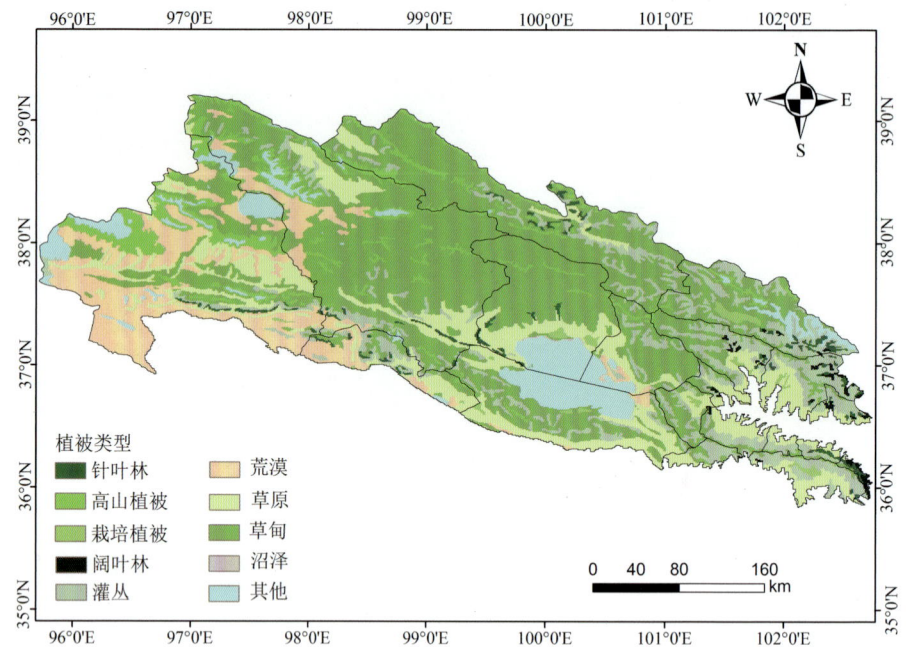

图 2-5 祁连山地区植被类型

杉（Picea crassifolia Kom.）、祁连圆柏（Juniperus przewalskii Kom.）、白桦（Betula platyphylla Sukaczev）、红桦（Betula albosinensis Burkill）和糙皮桦（Betula utilis D. Don）。青海云杉林和祁连圆柏林是该区域水源涵养的重要森林类型（赵娟，2018），具有抗寒、耐旱的特性，呈斑块状分布。灌丛植被包括杜鹃（Rhododendron simsii Planch.）、金露梅〔Dasiphora fruticosa (L.) Rydb.〕、锦鸡儿〔Caragana sinica (Buc'hoz) Rehder〕、沙棘（Hippophae rhamnoides L.）和山生柳（Salix oritrepha C. K. Schneid. in Sargent）等类型，主要分布于海拔 2500 m 左右的阴坡或半阴坡、干旱河谷地区（万艳芳等，2016；刘旻霞等，2018）。草地类型多样，面积广阔，水平和垂直带谱明显，包含温性荒漠、温性草原、高寒荒漠、高寒草原、高寒草甸和山地草甸等 6 种类型。高寒草甸是祁连山青海地区主要的草地类型，以嵩草（Carex myosuroides Vill.）为优势种，海拔在 4000~4800 m，分布面积 1.41 万 km^2，约占区域总面积的 40%，集中分布于区域中部，在提供优质草场和保持水土等方面具有重要的意义。高寒沼泽多分布于山前平原、河流两岸以及排水不畅的河谷洼地内，以线叶薹草〔Carex capillifolia (Decne.) S. R. Zhang〕、西藏薹草（Carextibetikobresia S. R. Zhang）、异穗薹草（Carex heterostachya Bunge）、珠芽蓼〔Bistorta vivipara (L.) Gray〕、长花马先蒿（（Pedicularis longiflora Rudolph）以及海韭菜（Triglochin maritima L.）为优势种和伴生种（袁杰，2019），多呈斑块状分布，呈现明显的冻胀丘地貌景观特征。

a. 锐果鸢尾；b. 绿绒蒿

图 2-6　祁连山青海地区植物（拉浪才让 摄）

六、土壤资源

祁连山的山地地貌、复杂的地质构造以及高原气候是成土因素的重要特征，决定了土壤类型的多样化，发育土壤呈弱碱性。根据《1:100 万中华人民共和国土壤图》（http://www.resdc.cn/data/），祁连山青海地区的主要土壤类型有草甸土、草毡土、黑毡土、寒冻土、灰褐土、寒钙土、冷钙土、栗钙土、黑钙土、沼泽土、泥炭土、风沙土、粗骨土和石质土等（图 2-7），分布面积最大的是草毡土，占区域总面积的 29%。土壤与植被分布类似，均表现出明显的水平和垂直地域分异规律，该区域西部土壤以冷钙土、寒钙土和栗钙土为主，中部是以沼泽土、泥炭土和黑毡土为主，东南部则以草毡土和黑毡土为主。草甸土由于母质多为冲积物，成土年龄短，土层较薄，主要分布于河流两岸的河漫滩地。沼泽土发育于山前平原、宽

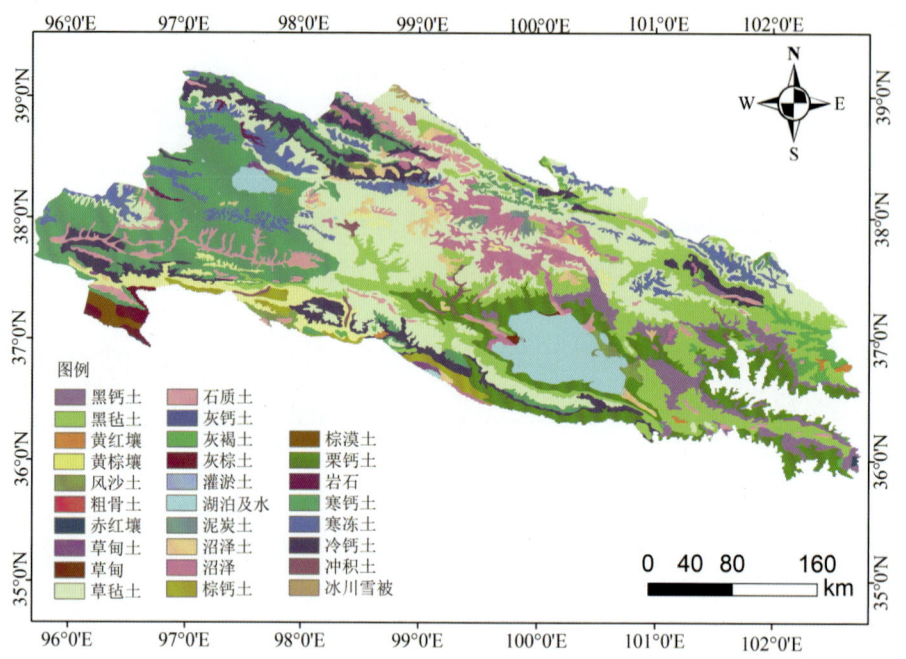

图 2-7 祁连山青海地区土壤类型

谷洼地、山间凹地以及高寒冻土发育地区，土壤长期过湿或季节性积水，植被覆盖度高，冻土层的不透水性使水分下渗受阻，土壤含水层随季节而发生变化，并累积有大量泥炭或腐殖质。林区所对应的土壤类型是以灰褐土为主要代表，成土母质有黄土或黄土性物质、紫泥岩及红砂岩等风化残积物或坡积物，表层富含有机质，多发育于阴坡青海云杉森林植被下（付建新，2019）。

七、生物多样性

祁连山青海地区因其垂直地带分异显著、气候特征独特且降水量丰沛，形成了丰富的生态环境类型，主要包括森林、灌木、湿地等，从而孕育了众多珍稀的野生动植物资源。现已查明，保护区内分布有高等植物95科451属1311种，其中有发菜、冬虫夏草、瓣鳞花、红花绿绒蒿、羽叶点地梅、山莨菪等国家二级保护植物6种，列入《濒危野生动植物种国际贸易公约》的兰科植物有12属16种。已查明保护区内分布的野生脊椎动物有

28目63科286种。其中，鸟类196种、兽类58种、两栖爬行类13种，具体包括雪豹、白唇鹿、野驴、野牦牛、马麝等国家一级保护野生动物14种；秃鹫（Aegypius monachus）、大鵟（Buteo hemilasius）、雀鹰（Accipiter nisus）、草原雕（Aquila nipalensis）、红隼（Falco tinnunculus）、白尾鹞（Circus cyaneus）、长耳鸮（Asio otus）、纵纹腹小鸮（Athene noctua）、石貂（Martes foina）、兔狲（Felis manul）和荒漠猫（Felis bieti）等国家二级保护野生动物39种（丁文广等，2018）。省级保护动物包括赤麻鸭（Tadorna ferruginea）、环颈雉（Phasianus colchicus）、斑头雁（Anser indicus）、戴胜（Upupa epops）、赤狐（Vulpes vulpes）和藏狐（Vulpes ferrilata）等18种（青海省林业厅，2017）。

a.雪豹；b.岩羊（高天胜 摄）；c.高山兀鹫；d.马鹿（马虎 摄）。

图2-8 祁连山青海地区野生动物

第二节　人文环境概况

祁连山地区是古老丝绸之路的必经之地,是欧洲与亚洲进行文化交流、经济贸易、人员流动的重要通道,不仅促进了我国西北地区的经济发展和社会繁荣,更在生态功能上起着不容忽视的作用。它的存在还为西北地区脆弱的生态环境提供了稳定的保护,是我国生态安全的重要保障。

一、人口与民族

祁连山青海地区主要涉及门源回族自治县(门源县)、祁连县、刚察县、海晏县、共和县、贵德县、互助土族自治县(互助县)、化隆回族自治县(化隆县)、德令哈市、乌兰县、天峻县、湟中县、湟源县以及大通县等15个县(市)(图2-9)。根据2022年的县域统计公报(https://tjgb.hongheiku.com/)以及统计年鉴(https://www.cnki.net),祁连县总人

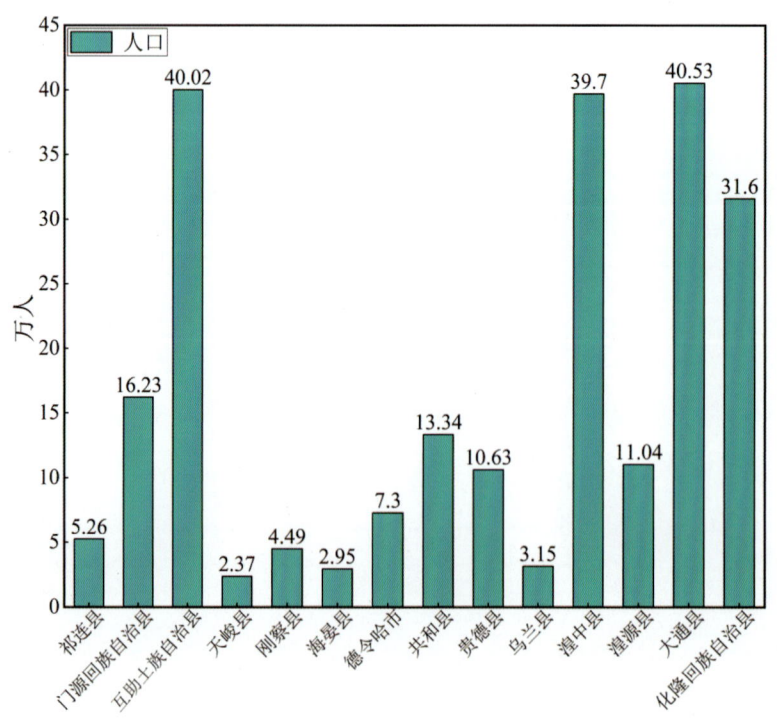

图2-9　祁连山青海地区涉及县级地区的人口

口数为 5.26 万人，其中少数民族人口数为 4.16 万人，占比近 79.2%；门源回族自治县总人口数为 16.23 万人，包括 26 个民族，其中回族人口最多，为 7.94 万人，其次是汉族 5.56 万人，藏族 1.67 万人，土族 6972 人，蒙古族 3376 人，其他民族人口仅 256 人；互助土族自治县位于青海省海东市北部，全县人口数为 40.02 万人，其中，土族人口为 7.59 万人，约占总人口的 18.97%；天峻县总人口数为 2.37 万人，其中少数民族人口高达 85%。此外，其他县市 2022 年人口统计如下：刚察县 4.49 万人，海晏县 2.95 万人，德令哈市 7.3 万人，共和县 13.34 万人，贵德县 10.63 万人，乌兰县 3.15 万人，湟中县 39.7 万人，湟源县 11.04 万人，大通县 40.53 万人，化隆回族自治县约为 31.6 万人，其中回族人口数为 19.36 万人，占化隆回族自治县总人口数的 61.9%。

二、社会经济

祁连山青海地区地方财政收入不平衡，经济体量小，人均收入较低。由于产业和经济结构单一，加之基础设施不完善，当地居民的生产方式仍以传统的农牧业和种植业为主，生产效率较低，导致收入水平偏低。同时，作为青海省的重点保护地区和生态保护红线区，祁连山的生态价值远高于工业价值。当地政府秉持生态优先的发展理念，禁止各种矿产开采活动，虽然矿产资源丰富，但第二产业增长体量较小，工业经济发展受到限制。

然而，祁连山地区独特的地理条件和丰富的自然资源为第三产业的发展提供了巨大潜力。该地区海拔梯度变化显著，旅游资源类型多样且具有代表性，成为推动地方经济发展的重要引擎。祁连山青海地区拥有诸多特色旅游资源，包括青海仙米国家森林公园、青海祁连黑河源国家湿地公园、青海门源百里油菜花海景区（图 2-10）、门源寺沟东海大峡谷等。依托这些独特资源，当地旅游业采取观光旅游、生态旅游与传统旅游相结合的模式，并通过农家乐、观光体验和沉浸式感受等方式吸引游客，为地方经济注入了活力。旅游业已逐渐发展成为该区域经济的重要支柱产业。

图 2-10　青海门源百里油菜花海景区（马曙光 摄）

三、物质文化遗存与民俗文化

祁连山青海地区的文化遗产资源极为丰富，现有物质文化遗存共计 1855 处，涵盖新石器时代、汉代、南北朝、清代及民国时期等多个历史阶段，其中新石器时代物质文化遗存 13 处、汉代 95 处、南北朝时期 22 处、清代 540 处、民国时期 117 处、中华人民共和国 1 处、未知年代 219 处，近年来还新发现了 848 处。这些物质文化遗存不仅展现了区域深厚的历史底蕴，也反映了祁连山地区多样化的文化特征和民族融合的历史进程。

（一）物质文化遗存与生态文化的交融

考古研究表明，祁连山北麓（宗日文化）、河湟谷地（马家窑文化）与青海湖周边（卡约文化）均存在新石器时代至青铜时代的文化遗址，反映了早期人类对高原环境的适应性开发，文化类型具有"农牧混合"特征。这三处是中国西部生态文明建设的关键单元，其协同保护与活化利用对维护国家生态安全、促进民族团结具有重要意义。

另外，祁连山地区的物质文化遗存不仅是历史的见证，更是当地居民与自然环境长期互动的产物（图 2-11）。例如，新石器时代的遗存反映了早期人类如何在高寒高原环境中生存，先民利用石器工具进行狩猎和采集，适应严酷的自然条件。汉代的遗存则展示了农业技术的发展，先民通过灌溉和耕作改变了当地的生态系统，同时也促进了文化的繁荣。南北朝时期的遗存则体现了多民族文化的交融，不同民族在祁连山地区共同生活，形成了独特的生态文化体系。清代的遗存则更多地反映了中央政权对边疆地区的管理，以及当地居民不断深入探索与适应祁连山高寒环境，并摸索出一套适应当时生产力水平的生活方式。

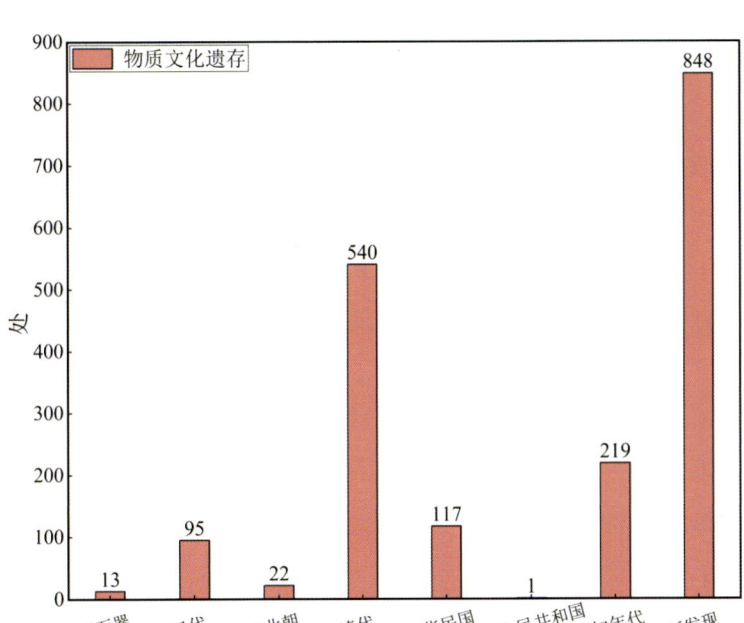

图 2-11　祁连山青海地区涉及县级地区物质文化遗存

（二）多民族的生态智慧与文化传承

祁连山地区是一个多民族聚居的区域，生活着汉族、藏族、回族、土族、蒙古族和撒拉族。这些民族在长期的生产生活中，依托高寒高原的自然环境，逐渐积累了丰富的生态智慧，形成了独具特色的生态文化。这些生态智慧体现在他们顺应自然、合理利用资源的生活方式中，同时也深刻影响着区域生态系统的可持续发展，展现了人与自然和谐共生的智慧与实践。

1. 汉族农耕智慧中的生态平衡

祁连山地区的汉族同胞在长期的生产生活中，深受中原传统思想的影响，形成了人与自然和谐共生的生态智慧。他们认为人与自然本为一体，人类必须尊重并爱护生态环境，遵循自然规律，不能为了发展经济而肆意破坏环境，否则将"惹怒"大自然，导致生态失衡甚至灾害。这一思想深植于儒家"天人合一"的理念中，也体现在他们具体的农业生产实践中，成为一种古老而有效的生态智慧。例如，当地人遵循"春种、夏锄、秋收、

冬藏"的农耕节奏，避免因过早或过晚耕种导致土地肥力流失，同时通过轮耕和休耕来确保土壤资源的持续利用。这种做法不仅满足了人们的生活需求，还确保了土地的长久可用。

同时，他们在开发自然资源时也坚持"取用有时，取用有度"的原则。例如，在捕捞鱼类时遵循"数罟不入洿池，鱼鳖不可胜食也"的传统，避免密网捕捞，给鱼类繁衍提供足够空间；在伐木活动中遵守"斧斤以时入山林，林木不可胜用也"的规律，仅在适合的季节进入山林采伐，避免破坏森林的自然生长周期。此外，当地还修建梯田以适应山区地形，这种方式不仅减少了水土流失，还有效利用了有限的水资源，为农业发展和环境保护提供了双重保障。这些举措表明，当地人始终在生产和生态之间寻找平衡，通过对自然的尊重与节制实现人与自然的和谐共生。这种传统智慧在现代背景下依然具有重要的借鉴意义，为当下追求经济发展与生态保护双赢提供了宝贵经验。

2. 藏族的"转山"习俗

藏族的"转山"习俗是一种独特的生态文化实践。他们将祁连山中的某些山峰视为神山，认为这些山峰是自然力量的象征。每年，藏族人民会举行"转山"仪式，围绕神山徒步行走，表达对自然的敬畏和感恩。这种习俗不仅体现了人与自然的和谐共生，也促进了生态资源的可持续利用。

通过"转山"，藏族人民传承了对自然的敬畏之情，同时也保护了山区的生态环境。在"转山"过程中，藏族人民会严格遵守传统规范，如不破坏植被、不惊扰野生动物，体现了对生态资源的尊重和保护。这种习俗不仅是对自然的感恩，也是对生态系统的可持续管理的重要实践。

3. 回族的古尔邦节

古尔邦节是回族最重要的传统节日之一，体现了深厚的生态文化、生态智慧和生态保护思想。节日的核心仪式是宰牲，通过宰杀牛、羊、骆驼等牲畜，回族人民表达了对自然恩赐的感恩之情，体现了"取之有度、用之有节"的原则。宰牲后的肉食被分为三份，一份留给自己，一份分赠亲友，一份赠给贫困者，体现了资源合理分配与共享的精神，反映了人与自然、人与人之间的和谐关系。

此外，宰牲过程中严格遵循清真习俗，强调动物福利与卫生安全，减少牲畜的痛苦，体现了对生命的尊重和生态伦理观念。回族人民还注重资源的充分利用，如肉供食用，皮毛和骨骼可循环再利用，体现了节约资源、保护环境的智慧。通过古尔邦节，回族人民传承了对自然的敬畏之情，弘扬了人与自然和谐共生的生态观，促进了生态保护理念的传播。

4. 土族的纳顿节

纳顿节是土族最重要的传统节日之一，其庆祝时间多选在农闲时期，标志着农业生产的结束，反映了土族人民对自然周期和农时规律的精准把握，体现了天时与地利的生态智慧。此外，纳顿节不仅是土族人民庆祝丰收的节日，也是他们表达对自然恩赐的感恩之情的重要场合。

在纳顿节期间，土族人民会举行隆重的祭祀仪式，表达对山川、河流、森林、田地等自然万物的敬畏和感恩之情。例如，祭山神、土地神等活动，反映了土族人民对自然的尊重和感激，体现了人与自然和谐共生的生态理念。

此外，纳顿节还包含丰富多彩的民俗活动，如舞蹈、歌唱、体育竞技等。这些活动不仅展现了土族人民丰富多样的传统文化，也寄托了他们对自然环境的珍惜与敬重。通过这些仪式和庆祝活动，土族人民将对自然的敬畏之情传承下来，弘扬了人与自然和谐共生的生态文化，促进了生态保护思想的传播和延续。

5. 蒙古族的那达慕大会

蒙古族的那达慕大会是蒙古族文化的重要组成部分，每年夏季举行，是蒙古族人民展示传统体育竞技、文化艺术和进行社交活动的重要场合。那达慕大会不仅是一场盛大的文化盛宴，也蕴含着蒙古族的生态智慧。

在那达慕大会中，蒙古族人民会进行传统的体育竞技，如摔跤、赛马和射箭等，这些活动不仅是力量的展示，也是对自然环境的适应与尊重。例如，赛马是蒙古族文化的重要组成部分，马匹不仅是蒙古族人民的交通工具，也是游牧生活中不可或缺的伙伴。通过赛马活动，蒙古族人民表达了对草原生态的依赖和对自然资源的珍惜。

此外，那达慕大会的祭祀仪式也体现了蒙古族对大自然的敬畏之心。

在大会开始前,蒙古族人民会举行祭祀仪式,感谢草原的丰饶,祈求来年风调雨顺。这种仪式不仅是对自然的感恩,也是对生态资源可持续利用的承诺。

通过那达慕大会,蒙古族人民不仅传承了传统文化,也为区域生态系统的可持续发展提供了重要支持。现在,那达慕大会已经成为一个展示生态智慧和文化传承的重要平台,吸引了越来越多的人关注和参与。

6. 撒拉族珍水护源的生态理念

撒拉族同胞将《古兰经》中"万物为主赐,须珍惜与善待"的理念融入日常生活,形成了尊重自然、珍爱资源的观念。他们认为,自然是生命之源,人类有责任保护自然,这种思想与我国传统的"天人合一"理念不谋而合。撒拉族人民在实际生活中通过节水、护水、合理开发资源等方式展现了他们的生态智慧。例如,他们在黄河流域严格保护水源,禁止在水源地附近倾倒垃圾、洗涤或屠宰牲畜,这些禁忌既是对生态的保护,也是对资源的珍视与感恩。

在生态文化传承中,撒拉族通过口述文化、故事和谚语等教育年轻一代保护自然的意识。例如,《古兰经》中的教义"不要在这地上做恶",与撒拉族民间对水资源"敬而不污"的态度相契合。他们常用"水是生命的血液""滴水汇成江河"等谚语告诫后人要珍惜自然、尊重自然。

(三)祁连山生态系统的历史演变与现状

祁连山地区的高寒高原生态系统经历了数千年的演变,从早期的冰川活动到后来的植被演替,每一个历史时期都留下了独特的生态印记。这些变化不仅影响了当地居民的生活方式,也塑造了他们的文化传统。

在现代,祁连山地区的生态系统面临着新的挑战,如气候变化、人类活动的影响等。然而,当地居民的传统生态智慧为现代生态保护提供了重要参考。例如,蒙古族的游牧方式和藏族的资源利用方式,都为区域生态系统的可持续发展提供了宝贵的经验。

(四)现代生态保护建设与传统智慧的结合

青海祁连山国家公园候选区作为生态保护与文化融合的重要载体,以

"生态保护、生态文化、生态科研"三大功能为核心目标,致力于构建生态与人文交融的景观体系。近年来,国家公园在生态保护方面采取了一系列现代措施,如生态修复、野生动物保护和环境监测等,取得了一定的成效。

这些措施不仅借鉴了传统的生态智慧,也引入了现代科技,如无人机监测和大数据分析,以期更有效地保护和管理生态资源。例如,通过无人机监测草原植被覆盖情况,及时发现并解决过度放牧问题;通过大数据分析气候变化对生态系统的影响,制订科学的保护策略。

青海祁连山国家公园候选区的物质文化遗存与生态文化资源相辅相成,共同构成了区域独特的文化生态体系。通过保护和利用这些资源,不仅能够传承历史文化遗产,还能推动区域生态系统的可持续发展。

第三章

祁连山地区史前时期环境与人类活动

　　祁连山自古以来一直是中国西部重要的生态屏障，也是重要的生态文化交融区域。祁连山独特的地理环境使祁连山地区人类活动历史悠久，文化内涵丰富。在远古的旧石器时代，狩猎采集人群在此区域内已经开始繁衍生息；进入新石器时代，人类活动逐渐增多；到了青铜时代，随着畜牧业与大麦类旱作农业的发展与扩张，祁连山地区的人类活动也急剧增多。

第一节　祁连山地区旧石器时代环境与人类活动

一、环境背景

　　祁连山是分隔青藏高原与河西走廊两大地理单元的天然界线，也是青藏高寒区、西北干旱区和东部季风区的交会地带，自然地理区位极为重要，因而对祁连山地区的古气候研究也具有重要意义。目前，通过粒度、磁化率与孢粉等气候代用指标对祁连山木里地区晚更新世的古环境进行重建，其结果显示，晚更新世后期（距今47000—31300年）至晚更新世晚期（距今31300—26300年），该区域气候由温暖偏干向温暖湿润过渡；晚更新世末期（距今 26300—15600 年）气候处于寒冷阶段，晚更新世末期（距今 15600 年）后进入末次冰消期，气候进入波动阶段，整体趋于变暖（王晓娟，2014）。

末次冰消期之后，祁连山地区的气候环境发生了显著变化。郝璐等（2022）利用总有机氮（TN）、总有机碳（TOC）与碳氮比（C/N）等指标重建了祁连山地区全新世古气候，结果显示全新世早中期气候温暖湿润。同样，祁连山中段腹地黑河谷地黄藏寺的花粉组合特征显示（张全等，2022），距今 13700—10500 年，局地的乔木花粉种类较丰富，且浓度逐渐增高，草本和灌木花粉占据优势（图 3-1）。乔木花粉中以寒温性的云杉属为主，桦属、胡桃属等温带型乔木花粉含量也较突出。乔木花粉中的桦属花粉能传播到几百千米之外的区域（王开发和干宪曾，1983），胡桃属花粉也属于低代表性植物，因而地层中的桦属和胡桃属花粉可指示黑河谷地温带阔叶树种的发育，也有可能为较远区域的传播输入。前人研究显示，祁连山西段的哈拉湖在此时段也出现了较高含量的桦属，并认为是远距离输送至哈拉湖的（胡玉，2016）。此外，该地点的莎草科、豆科、藜科、蒿属等花粉中，藜科迅速减少，豆科和莎草科增加，区内可能发育了高山草原，而 A/C 值为 0.11~2.00，仍表明此区内逐渐发育有草原植被（马雪洋，2017）。

在地层环境研究中，除孢粉外，还有土壤的色度、粒度、磁化率、总有机碳等环境指标。黄藏寺剖面地层其他环境指标分析结果显示，在末次冰消期，红度（a*）、黄度（b*）与亮度（L*）波动均低于整体的波动幅度，磁化率较低，波动也较为稳定，提示祁连山地区随着季风增强水热条件逐渐优越，整体气候环境较为稳定（图 3-2）。进入全新世早期，红度与亮度相较于前一阶段明显增高，尤其是亮度更为显著，磁化率的波动有所增加，指示此时段较为干旱。全新世中期（距今 8500—6500 年）红度与黄度开始逐渐降低，波动显著增强，亮度呈降低趋势，粒度中的砂含量占比较大，磁化率处于低值，提示当时较为干冷的气候环境。

综合来看，距今 10500—6500 年红度与黄度的数值开始逐渐降低，亮度先增加后降低，这可能受区域小环境的影响。红度与黄度处于高值区，

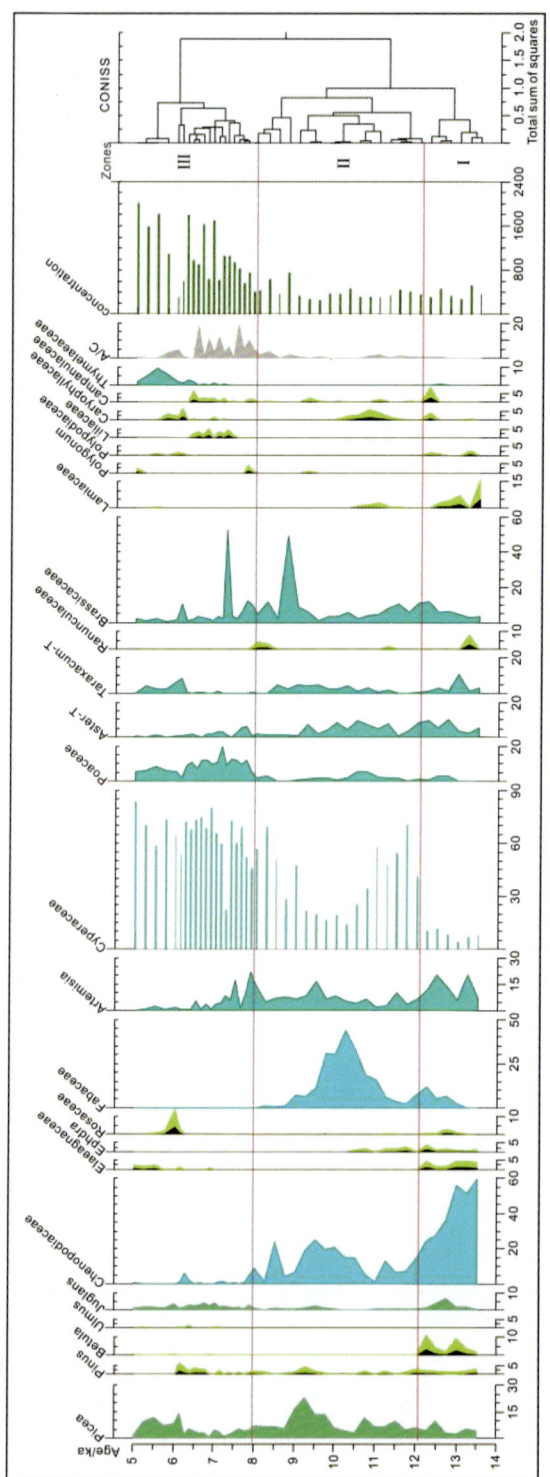

图3-1 黄藏寺花粉百分比图
（亮绿色为扩大3倍效果）

第三章 祁连山地区史前时期环境与人类活动

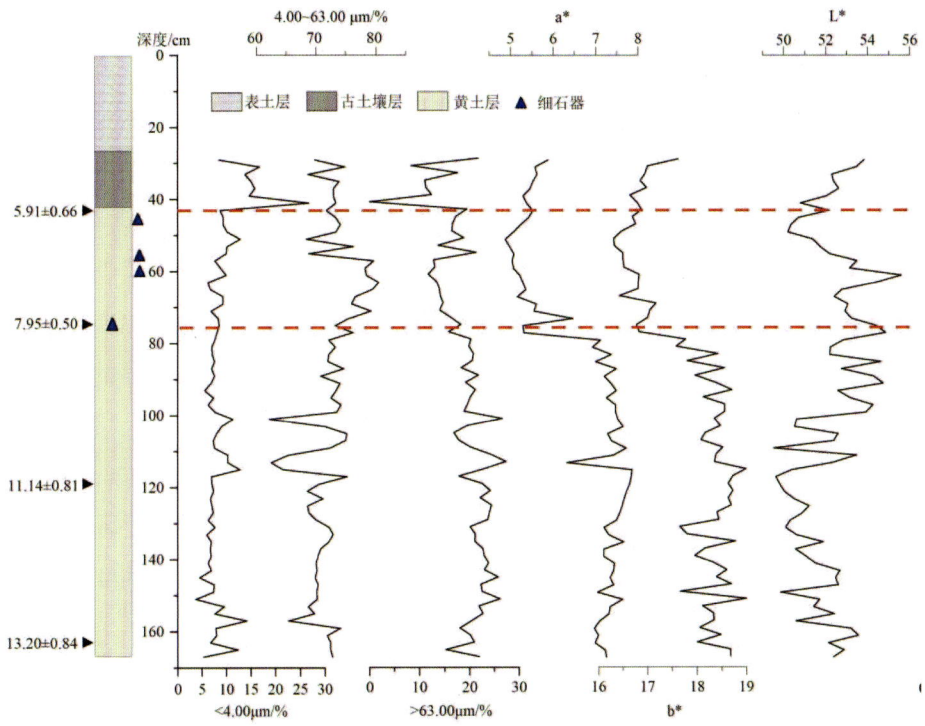

图 3-2 磁化率与色度变化图

总有机碳处于低值区。该区的砂含量与磁化率以及红度值的变化有较好的对应关系,显示出红度值与区域尘暴强度、植被盖度有关。黄藏寺周围广泛分布裸露的白垩系红色碎屑岩,且其所处的河谷地形中部宽阔、两端狭窄,狭管效应较强,可见此区域的红度值受控于红色风化物的输入。因而,可以推测此时段内风沙较强。

二、人类活动

祁连山地区的人类活动最早可追溯至遥远的旧石器时代晚期,此时已有史前人类在区域内开展活动,他们在此区域内留下了一定数量的岩画和细石器遗址。其中最为古老的人类活动遗迹应该属于青海省刚察县的史前彩绘手印岩画,国内如巴丹吉林沙漠中的此类岩画年代属于旧石器中晚期,刚察手印岩画的年代推测为史前时期,其年代也应该不会太晚。从该岩画分布位置来看,应属于环青海湖地区的岩画分布区,且该彩绘手印岩画在青藏高原尚属首次发现，填补了青藏高原无手印岩画的空白（青海省文物考古研究所等，2020）。

祁连山地区的旧石器时代遗址多为细石器遗址，主要分布于青海湖北岸区域，有十火塘、晏台东、铜线2号、铜线3号、铜线4号、Xiatongbao3、尕海、湖东种羊场等遗址（Rhode D等，2014；Madsen D B等，2006，2017；仪明洁等，2011），祁连山中段腹地分布有黄藏寺细石器遗址（张全等，2022）（图3-3）。青海湖北岸的诸多细石器遗址的文化层较薄，因此其中含有丰富的石器制品、动物骨骼、火塘等人类活动遗存的遗址。诸如铜线3（距今12200—7600年）发现3个火塘，其中1个火塘保存完整，火塘周围地表散落着玉髓等优质石料的细石器制品。Xiatongbao3（距今12000—10800年）发现有细石器制品，且含有中型或大型哺乳动物的长骨轴碎片。祁连山中段的黄藏寺细石器遗址（距今7900—6000年）的原生地层中发现少量的小石片和细石叶制品。

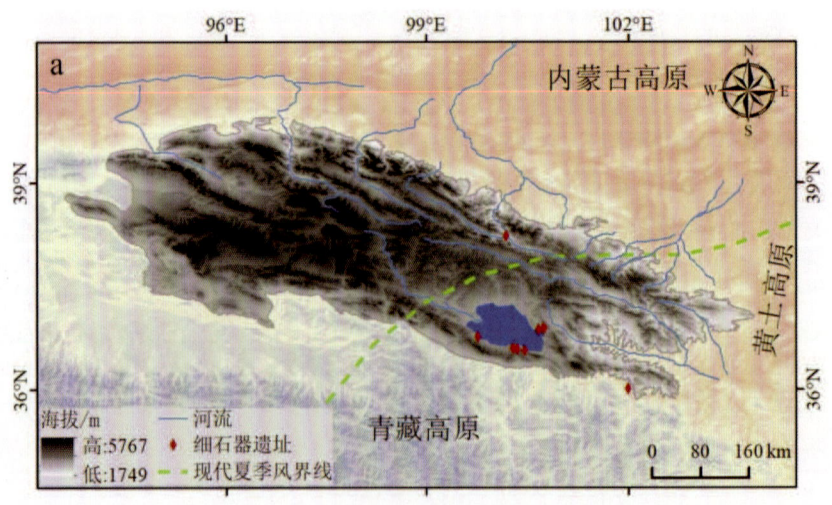

图3-3 祁连山地区细石器遗址分布

从青海湖盆地诸遗址出土石器的特征来看，该时期的细石器技术较为复杂，细石器遗址中夹杂着小石片石器工艺，但多以成熟的细石叶技术为主，石器类型多样，细石核有楔形石核和铅笔头状石核，工具以刮削器为主（汤惠生，1999）。黄藏寺遗址地层的石器为小石片和细石叶残片。遗址多属于汤惠生对青藏高原细石器研究的第一种类型，即与细小石器共存的细石器遗存，且其与华北地区等的细石器技术基本同源。从石器石料来看，诸多遗址出土的石器材质在时间上有明显的变化，自末次冰消期开始至全新世早中期，遗址中玉髓、燧石、硅质岩等优质石料的石器数量逐渐增加，在全新世早期至中期早段达到顶峰（申旭科等，2020）。优质石料多用于制造细石器，这可能与细石器具有便携性、高效率、易维护性、易于制作复合工具等优势有关，细石器人群拥有较高的流动性，而优质石料打制的细石器便于其进行长途迁移狩猎等高强度的流动。

三、生业模式与生态文化

从生业模式来看，动植物遗存是研究狩猎采集者适应高原环境变化的关键。而此时段的祁连山地区，拥有丰富动物遗存的遗址较少；但是对诸多遗址已出土的动物遗存分析来看，也出现了一些狩猎者狩猎动物类型的变化特征。具体来看，在末次冰消期至全新世早中期主要为使用细石器狩猎体型较大的动物，以高回报率的有蹄类动物为主；如 Xiatongbao3 遗址发现两根中型—大型哺乳动物的长骨轴碎片，这些特征在青海湖南岸的151 遗址和江西沟 1 号遗址、青海湖西岸黑马河 1 号遗址的动物遗存中也有体现。考虑到当人类短期占据某一遗址时，不太可能在短时间占据期间消耗尽所有较高回报率的动物。因此，有研究推测青海湖盆地的狩猎人群在遵循最佳觅食理论的前提下，对高回报率的有蹄类动物进行随机狩猎，以满足小规模人群在不同遗址内短期生活的需求，但是也可能存在同样技术条件下不同人群的不同生存策略。除此之外，青海湖盆地同时期多个短期营地的出现，说明末次冰消期以来狩猎采集人群在青海湖盆地采用了高移动的迁徙策略（王建等，2020）。狩猎采集人群在青海湖盆地开展短期、小规模的狩猎活动，可能与末次冰消期后，青海湖盆地逐渐转湿转暖的气候环境与狩猎技术的革新有关（王建等，2020）。

而在全新世中期以来狩猎动物的体型较前一阶段变小，主要为中小型野生动物，如青海湖南岸的江西沟 2 号遗址出土的动物遗存主要为羊、羚羊等小型哺乳动物和啮齿类动物（侯光良等，2012）。前述狩猎对象的转变可能与气候好转迫使大型动物迁移或细石器人群的高移动性有关。此外，

有些遗址中存在明显的用火痕迹和碎裂动物骨骼，动物骨骼破碎且有火烧烤的迹象，是狩猎采集者对食物资源充分利用的体现。从史前人类的活动模式来看，诸多遗址的用火痕迹、石器制作水平以及食物资源的利用等证据表明，该时期的遗址多为短期的临时性营地。

这一时期祁连山地区遗址数量较少，可以推断当时人口较为稀少，在青海湖盆地多为临时性营地，主要进行高移动、短暂的、季节性的狩猎采集活动。加之当时细石器人群生产技术与生产力均较为低下，其生业模式也是基本完全依赖于大自然的馈赠，因此，当时的狩猎采集人群对自然存在一定的敬畏，人类更多的是与自然共存，作为自然环境的一部分而存在。同时，对遗址采集的动物骨骼与动物油脂的分析显示，当时获取的动物资源多为中小型哺乳动物和啮齿类动物，提示当时获取的动物资源也较为有限。且根据古环境与古植被重建结果，由于当时人口数量稀少、生产工具简单，采用的是居无定所的高频率迁徙生活方式，整体生产力水平较低，因此推测当时的人类活动对区域内的生态环境并没有明显影响。

总之，祁连山地区的古人类主要依赖自然资源进行采集狩猎活动。此时的人类生活方式体现了人类与自然的密切互动与依赖，而生产活动对自然环境的影响微乎其微。人类的生存与生态系统保持着相对平衡的关系，古人类以狩猎野生动物和采集植物为主要生计来源，尚未大规模改造自然。人类与自然界的关系呈现一种顺应自然的原始状态。

四、典型遗址

1. 宴台东遗址

宴台东遗址位于青海湖东北侧，海北藏族自治州境内，地理坐标为36°52′57.6″N，100°45′40.4″E，海拔为3352 m。在宴台东遗址向北约500 m处发现一些暴露在地表的遗物，被命名为上宴台东遗址，由于遗址位于山间向湖面的风口处，大量的遗物受风蚀与水蚀作用暴露于地表。

上宴台东遗址处发现了大量的石制品、火塘等遗物与遗迹，其中最为典型的是2号火塘遗迹。2号火塘呈较规则的圆形，面积约60 cm×60 cm，地表暴露大量遗物。石制品大部分分布在表层黄土中，并以火塘为中心向外围扩散分布，类型主要为石英质的石片、碎屑和断块，有少量由燧石制成的细石叶。根据分布情况推测石制品为原地堆积，但是也不能排除表层部分由水流作用冲刷而来的可能，另外也有零星碎骨出土。

火塘可划分为4层：含炭屑的黄色土层、砾石层、灰烬土层（厚度2~3 cm）、深色火烧土层（厚度2~3 cm）。在砾石层和灰烬土层中发现少量炭屑，火塘体积较小，结合底部黄土因烘烤呈现的黄黑色分析，该火塘设计合理，能够利用风力等自然因素增氧助燃，从而达到充分燃烧。

两处遗址共发现10个火塘，多数火塘露于地表，但也有地层保存完好的火塘。因此，在地层中采集了5处火塘年代控制点的光释光样品，包括晏台东遗址的2处与上晏台东遗址的3处。同时，在2号火塘收集了炭屑样品，进行了^{14}C的测定。^{14}C测年结果

图3-4　晏台东火塘

经校正为12188±125calyrBP（仪明洁等，2009）。校正后的年代与光释光年代结果相较一致，提示旧石器时代晚期青海湖区域较为活跃的古人类活动。

2. 铜线遗址

铜线遗址位于海北藏族自治州青海湖东北侧山谷中，此遗址发现了3处地点（仪明洁等，2011）。铜线1号遗址：地理坐标为36°53′2.1″N、100°45′46.1″E，海拔为3344 m。由于地表水流的长期冲刷，导致人类活动的遗物暴露于地表。采集到7件石制品，其中细石核2件、细石叶断片3件、完整石片1件以及断块1件，细石核皆为锥形石核。从石核的利用程度来看，受原料的限制，古人类懂得最大限度地开发、利用资源，做到物尽其用，以满足生活之需。

铜线2号遗址：地理坐标为36°52′55.7″N、100°45′29.2″E，海拔为3331 m（图3-5）。此处共发现3个火塘遗存，位于山谷间崎岖小路的路面及两侧，周边遍布水流从高处冲刷下来的大量细石器（图3-6）。1号火塘恰处于小陡坡上，东边半侧被侵蚀掉；3号火塘相对完整，但是有动物盗扰痕迹；只有2号火塘保存完整，2号火塘位于1号火塘西南约15 m处，分布面积75 cm×55 cm，最深部达15 cm（图3-7）。对周边做1m×1m单元的地表收集遗物后，对火塘做解剖清理，发现石制品大多位于火塘周边的地表或浅埋土层，火塘中无石制品出土。火塘构造的主体部分是分布规则、摆放有序的砾石，底部是燃烧较充分的灰烬层和因烘烤导致颜色变为灰黑色的黄土状堆积。

图3-5　铜线2号遗址

第三章 祁连山地区史前时期环境与人类活动

图 3-6 铜线 2 号遗址细石器

图 3-7 铜线遗址火塘图

铜线3号遗址：地理坐标为36°52′55.4″N、100°45′31.3″E，海拔为3335 m（图3-8）。该地点遗物较少，仅收集14件石制品。

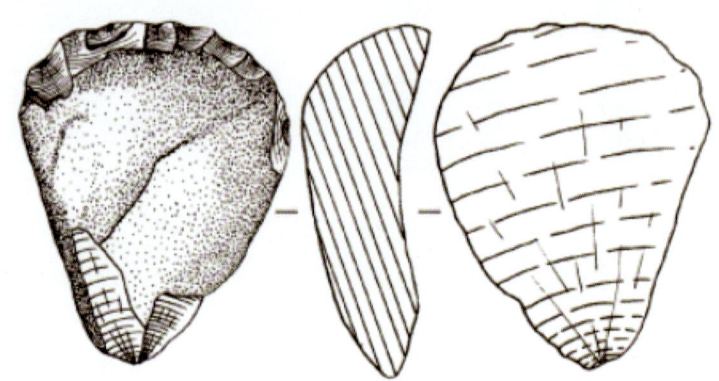

图3-8 铜线3号遗址单凸刃刮削器（仪明洁等，2011）

3. 娄拉水库遗址

娄拉水库遗址位于海北藏族自治州青海湖东北岸娄拉水库西侧，地理坐标为36°38′16.8″N、100°52′41.9″E，海拔为3395 m。推测遗址年代为距今13000年。2007年，有研究团队在区域调查时发现了较为丰富的人类活动遗存，在命名为2号和3号的火塘周边开展系统的遗物、遗迹观测和样品采集工作。在2号火塘周围布1 m×1 m方格60个，分单位观察、收集地表遗物。该火塘为不规则圆形，面积约65 cm×55 cm，火塘用圆形、椭圆形砾石砌成，最深处达40 cm，自上而下可分为三层：上砾石层、下砾石层和炭屑烧土层，剖面呈浅碗状（图3-9）。火塘的东北部区域为含炭屑的黄沙堆积，据推测此处应为当时的下风向，在火塘使用过程中，风力将炭屑吹到这个方向形成了这种情况。通过火塘可以推断出古人类已经有较高的火塘营造技术，能够充分利用自然风吹火增氧助燃。此处收集石制品数量较多，大多位于地表，以石英质的石片、碎屑为主，伴生少量细石叶（仪明洁等，2011）。

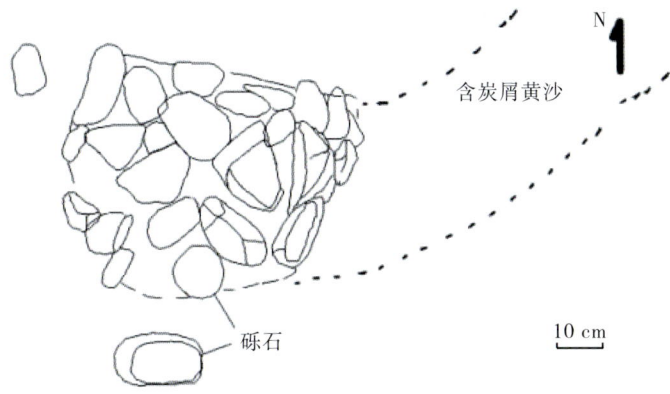

图 3-9　娄拉水库遗址 2 号火塘平面图（仪明洁等，2011）

4. 黄藏寺细石器遗址

黄藏寺细石器遗址地理坐标为 100°11′26″E、38°13′30″N，海拔为 2592 m，于 2021 年 8 月在海北藏族自治州祁连县八宝镇黄藏寺村被发现（图 3-11）。黄藏寺村所在的黑河河谷段夹于北侧冷龙岭山脉和南侧俄博南山之间，河谷和山地的高差显著，周围分布有较多的丹霞地貌。河流

图 3-10　黄藏寺遗址外景

两岸的阶地发育程度较高，黄土堆积层厚，阶地地面平坦开阔。黄藏寺所在的河流二级阶地现今多为农作物种植区，且分布有白杨、柳树等乔木，是祁连山中段腹地中自然环境最适宜人类生存的地带之一。黄藏寺细石器遗址就分布在黄藏寺村黑河与八宝河两河交汇处东北部的二级阶地上，此处阶地黄土堆积层厚，离河岸约 400 m，拔河高度约 25 m。该遗址为当地农民在农田修路时意外发现，遗址所在断面暴露于道路左侧。

在黄藏寺细石器遗址，分别于断面 45 cm、55 cm、60 cm 和 75 cm 的位置上共采集到了 6 件具有原生层位的石器制品。断面采集到的石器制品均位于断面的黄土层之中。此外，在该地点的地表采集到 1 件石器（图 3-11a）为石片，器型较大，石器材质为淡黄色硅质岩石料，较轻微风化，长、宽、厚为 44.4 mm × 41.4 mm × 16.22 mm。具体来看，断面上的 6 件细石器包括 4 件小石片（图 3-11b~e）和 2 件细石叶残片（图 3-11f~g），小石片和细石叶的器型小巧精致，均长为 12.18 mm，均高为 7.4 mm，均厚为 1.92 mm。具体来看，图 3-11b 石器为完整石片，原料为黄褐色玉髓，表层覆盖淡白色钙结核较多，长、宽、厚为 15.2 mm × 9.3 mm × 3.5 mm；图 3-11c 石器为完整石片，原料为黄褐色玉髓，仅石器正面覆盖较多的淡白色钙结核，长、宽、厚为 9.6 mm × 6.0 mm × 1.4 mm；图 3-11d 石器为完整石片，原料为淡灰色玉髓，石器正面覆盖较多的淡白色钙结核，背面分布较少，长、宽、厚为 14.9 mm × 10.1 mm × 2.8 mm；图 3-11e 石器为完整石片，原料为淡灰色玉髓，石器正面覆盖较多的淡白色钙结核，背面分布较少，长、宽、厚为 15.6 mm × 9.3 mm × 1.5 mm；图 3-11f 石器为细石叶残片，原料为黄褐色玉髓，石器正面覆盖较多的淡白色钙结核，长、宽、厚为 7.6 mm × 5.2 mm × 1.1 mm；图 3-11g 石器为细石叶残片，原料为黄褐色玉髓，覆盖较少的淡白色钙结核，长、宽、厚为 10.2 mm × 4.7 mm × 1.2 mm。

有研究显示，黄藏寺细石器遗址断面上的细石器制品表明，祁连山中段的黑河谷地曾存在狩猎采集活动，断面上的细石器具有明显的打制特征，且二次加工不明显，小石片采用直接锤击法向背部打击剥离而成，细石叶采用间接压制法剥取，石器打制技艺精湛，打制方式与青藏高原其他细石器制品类似。根据已有研究分析，断面细石器制品应属于北方细石器。此

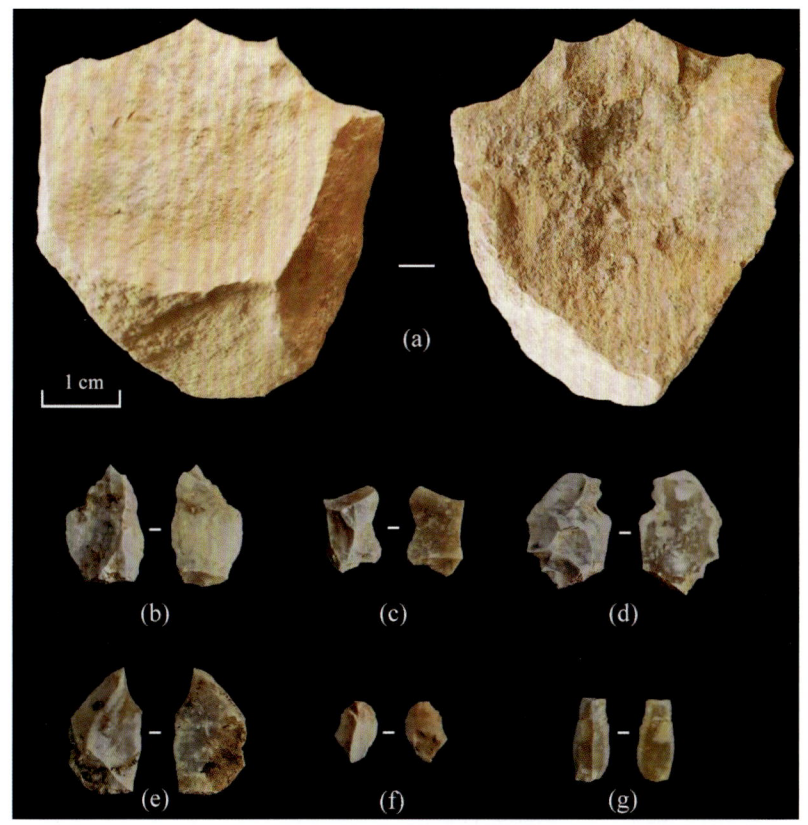

图 3-11　黄藏寺细石器

外，6 件细石器在沉积地层中拥有原生层位，已有研究推测出这些细石器的人群活动年代为距今 8000—6100 年（张全，2023）。

第二节　祁连山地区中石器—新石器时代环境与人类活动

一、环境背景

全新世中期气候温暖湿润，降水充沛，水热组合达到最佳状态，是高原全新世暖盛期。这一时期祁连山地区形成了适宜草食性动物栖息的疏林草原环境。江西沟孢粉指示区域内蒿属花粉在这一时期显著减少，约占总花粉浓度的 60%。菊科、蓼科、毛茛科及蔷薇科等高山草原类花粉依然丰富，禾本科花粉含量在距今5000年达到峰值，该阶段孢粉总浓度明显下降，指示较为凉湿的气候环境（图3-12）。同时，这一时期的粒度、磁化率和色度均表明此期的成壤作用较强（图3-13）。

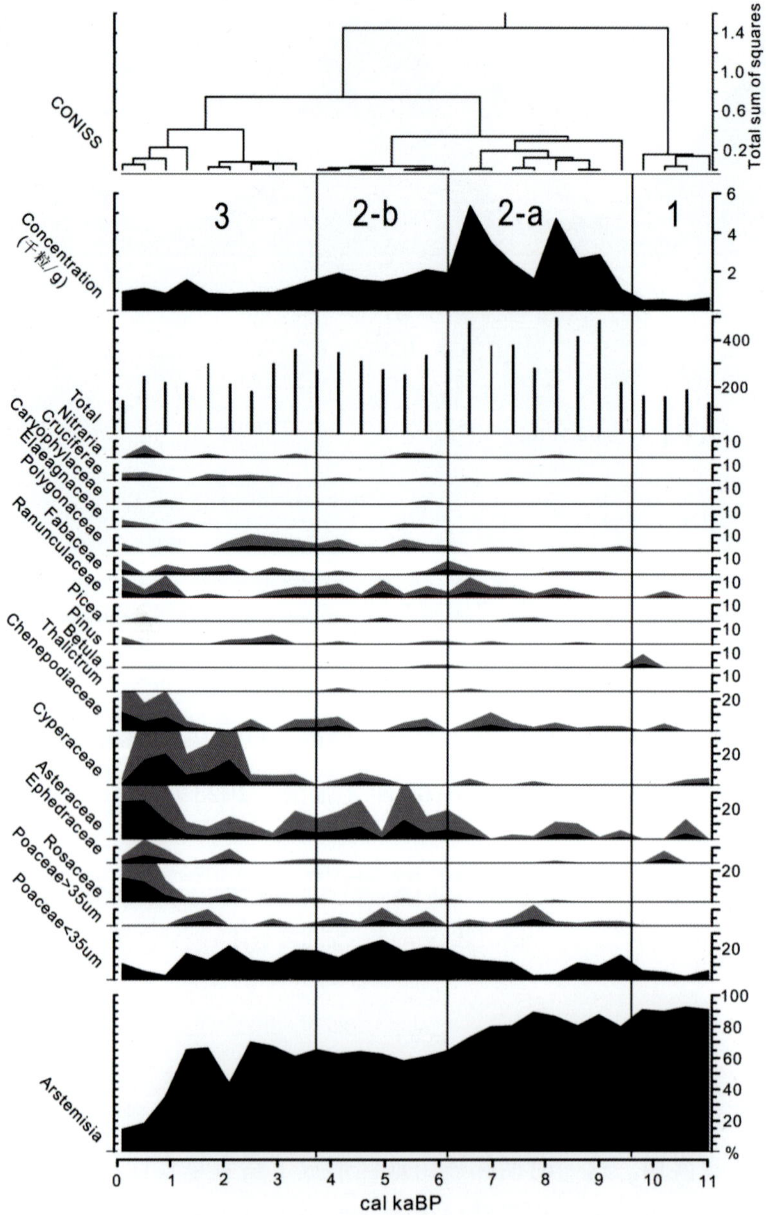

图3-12 江西沟孢粉百分比

（灰色为扩大10倍的效果）

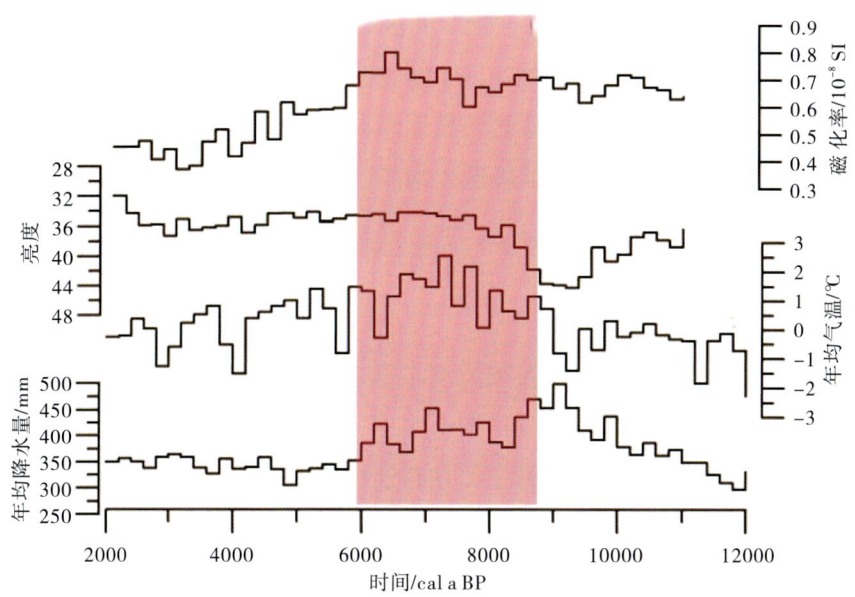

图 3-13 江西沟磁化率与青藏高原东北部年均降水量及气温变化

黄藏寺的花粉组合特征提示在距今6000—5100年，显示乔木花粉含量较低，而草本和灌木花粉含量占据优势。其中，乔木花粉以云杉属为主，含量较前期有所增加，胡桃属含量则有所下降。草本植物中莎草科和禾本科占主导地位，莎草科花粉达到最大值，蒿属含量则降至最低，表明气候温湿，区域内发育着高寒草甸和高山草原。与此同时，青海湖南岸的专古遗址（YWY）剖面也揭示了自全新世中期以来，乔木花粉逐渐增多，在距今约6000年达到最高浓度，随后开始减少（Zhang等，2022）。青海湖沉积岩芯的花粉组合特征进一步表明，区域内木本植被在距今5000—4000年逐渐减少，主要为松属（约15%），另有冷杉、云杉和桦木属花粉；草本植物花粉浓度变化不大，但蒿属花粉显著增多达65%，提示湖区植被类型向疏林草原演化，气候温凉偏湿（刘兴起等，2002）。

区域内其他环境指标也提示这一时段较为温暖湿润的气候环境。黄藏寺剖面磁化率数值频繁波动并逐渐升高，显著高于黄土磁化率值，提示此地成壤作用增强，形成古土壤层，显示温暖湿润的气候。乱海子剖面的介形虫和化学元素分析同样反映了暖湿气候，乱海子湖水位上升，恢复为淡水环境。猪野泽和花海剖面的TOC和C/N值也有所增加，表明湖泊初级生产力提高，周边植被密度增加，提示此区域为温暖湿润的气候（Wang 等，2013；李育等，2011）。此外，青海湖沉积岩芯的 TOC 和 C/N 值在全新世中期增加，尕海岩芯的碳酸盐含量逐渐减少（Zhao 等，2007），哈拉湖岩芯的 $\delta^{18}O$ 值在此阶段降至最低（胡玉，2016）。以上指标共同表明该时期的气候温暖湿润。

二、人类活动

祁连山地形复杂多样，植被类型丰富，独特的地域格局孕育了祁连山地区特殊的文化面貌。全新世早期至中期，祁连山以北的河西走廊等地的文化系统以新石器文化系统为主，在祁连山青海地区以东的河湟谷地也以新石器文化系统为主，而在祁连山地区考古学文化依然呈现为旧石器文化面貌，并把该时期称为中石器文化（张东菊等，2016）。

祁连山地区属于典型的高原山地高寒自然环境，对于人类来说自然环境较为严苛，而新石器文化的主要特征是从事农业生产、使用陶器和磨制石器、实现定居，高寒的自然环境显然对人类活动是个不利因素。因此，距今 6000 年前，在祁连山青海地区尚未发现典型的新石器文化，且依然盛行细石器文化，文化呈现出较强的滞后性，在遗址内基本未见磨制石器、陶器和驯化动植物遗存，其生业模式以狩猎采集为主，明显呈现中石器文化的特征。其典型遗址主要分布于青海湖盆地，包括江西沟遗址、白佛寺遗址。这一时期，祁连山周边区域已进入新石器时代，包括甘肃境内河西走廊、青海境内的黄河上游谷地与河湟谷地。

距今 6000 年以后的新石器中晚期是农业经济发展的重要阶段，仰韶文化（距今 7000 年左右）在黄河中下游地区蓬勃发展，至距今 6000 年左右粟黍农业已经发展成熟（Barton 等，2009）。距今 6000 年后，仰韶文化逐渐扩散到青海东部的河湟谷地，并在此基础上发展出富有地方特色的马家窑文化（距今 5300—4000 年），并在河湟谷地较为兴盛。与此同时，距今 5000 年左右的马家窑文化先民已经扩散到了邻近祁连山的河西走廊。随着仰韶文化、马家窑文化的西扩，农业经济的影响延伸至黄河上游的青藏高原东北缘区域（王辉，2012）。

这些新石器遗址中发现了较多的磨制石器、陶器和驯化动植物遗存，尤其是发现了大量的粟黍作物遗存，表明该时期祁连山东部的河湟谷地、河西走廊地区的生业模式以农业为主，兼有少量的狩猎与畜牧业。由于马家窑先民主要的生产方式是种植业，需要开垦耕地，取而代之的是种植粟黍等人工植被。此外，由于实现了定居，先民修建房屋与聚落需要砍伐树木，因而水热条件较好的河湟谷地内的原生森林-草原植被可能受到一定程度的干扰。也就是说，到了新石器时代，人类活动对环境的影响已经出现，其影响程度较之前的细石器时代显著增强，但由于区域人口密度低，生产活动又主要集中在水热条件较好的河谷地带，因此人类活动对自然的影响范围非常有限，强度也很低。同时，根据植物孢粉记录和马家窑出土的彩陶纹饰和器物来看，纹饰更多的是水波纹、树叶纹、草纹，还有少量的动物纹，纹饰绘制非常精美，因此推测当时环境较为温暖湿润，自然环境承载力较大，并未出现突出的人地矛盾，人们的所绘所画皆取自于大自然，说明人类对于自然环境的依赖关系也非常明显，也说明当时人类对于自然环境的观念是自然崇拜。

三、生业模式与生态文化

1. 祁连山地区中石器时代的生业模式

青藏高原复杂的地形地貌使高原细石器文化依然盛行，文化呈现较强的独立性，在祁连山地区的遗址内基本未见磨制石器、陶器和驯化动植物遗存。江西沟遗址、白佛寺遗址发现的人类活动遗存多为石核、石片及细石器，说明当时的生业模式以狩猎采集为主。同时，遗址内出土了大量的中小型动物骨骼，说明当时的狩猎采集人群主要猎取的动物资源为中小型动物，这也指示了当时狩猎采集人群小规模、高移动的生业模式。

从祁连山地区当时的人类活动密度与生业模式分析，中石器至细石器时代，区域内人口数量较少，主要以高移动、短暂的狩猎采集人群为主，且集中在青海湖盆地。青海湖东北部乔木植被自全新世早期以来持续扩张，在全新世中期达到峰值（Zhang等，2020），浪格日炭屑浓度指示自距今7000年以来区域内火灾事件较为频繁，指示人类活动的加强，但是区域内并无明显的植被破坏的迹象,浪格日孢粉指示区域内发育着高寒草甸植被(Wei 等,2020),说明当时的人类活动对环境的影响较小。

虽然,目前对区域内细石器人群的生态文化观了解甚少,但是周边新石器人群的生态文化观可略作为借鉴。例如,同样以狩猎采集为主的宗日遗址,其出土的陶器以鸟纹为主要特征。早期鸟纹以写实图案形式出现,有侧面、正面及展翅飞鸟纹,到后期发展到抽象鸟纹境界,大多较为简练概括和符号化,只是隐约可辨其特征。早期陶器纹饰中的鸟纹多反映了远古人类对飞翔的渴望(刘光磊和刘进,2014)。中国社会科学院考古研究所王仁湘认为,彩陶鸟纹是"太阳鸟",是天体崇拜的一种表现方式(王仁湘,2011)。也有学者认为,鸟崇拜源于先民对物候的重视(张晓凌,1992;张海天,2011)。综上所述,这些纹饰指示了史前人类对自然、对万物是存在自然崇拜的。

2. 祁连山周边地区新石器时代的生业模式

新石器时期是农业经济发展的重要阶段。祁连山以东河西走廊地区的新石器遗址中发现了较多的磨制石器、陶器和驯化动植物遗存,尤其发现了大量的粟黍作物遗址。民乐东灰山四坝文化遗址(距今 4480—4230 年)植物浮选结果显示(蒋宇超等,2017;魏益明等,2020),出土有炭化的粟黍、麦类(大麦、小麦、黑麦、荞麦和燕麦)作物籽粒及一定数量的胡桃壳和枣核等。动物考古研究表明(祁国琴,1998),该遗址以家养动物为主、野生动物为辅。说明当时的先民主要从事粟黍农业,而麦类与其他经济类作物是当地旱作农业的补充,且兼营一定规模的家畜饲养业。这一时期,河湟谷地已随着仰韶文化、马家窑文化的西扩,出现了农业经济与制陶技术(王辉,2012)。青海民和县胡李家遗址(距今 5500—5300 年)中,出土有鹿科、犬科、啮齿类、鸟类等野生动物及羊、猪、狗等家畜的遗骸(叶茂林等,2001)。植物考古研究显示,遗址内出现数量较少的粟黍炭化籽粒(贾鑫,2012)。安达其哈遗址发现有与狩猎活动相关的遗物,如牙、角器、骨器以及镞、鱼钩等(乔虹,2013),说明这一时期区域内仍以狩猎采集活动为主,辅以一定规模的家畜饲养,粟黍农业也逐步成为史前先民重要的生产方式。随着农业经济的不断发展,河湟谷地大量遗址中发现了粟黍植物遗存,甚至在共和盆地宗日遗址也发现了粟黍作物。同时,这一时期的人骨碳、氮同位素和生产工具分析也证实了粟黍作物在生业经济中的重要性。

四、遗址文化

(一)祁连山地区中石器时代典型遗址

独特的地理地貌,使祁连山青海地区典型的新石器文化较少,明显呈现中石器文化的特征。区域内文化类型较为复杂,多为细石器,同时伴有陶片等新石器文化的代表。其主要的典型遗址包括江西沟遗址和白佛寺遗址。

1. 江西沟遗址

江西沟遗址位于海南藏族自治州共和县江西沟镇达仓村东南约 1 km 处,距离青海湖约 4.5 km,地处青海南山发源的江西沟河两侧(图 3-14)。该遗址包含江西沟 1 号和 2 号遗址两个地点,根据已有的测年数据可推断该地形成于距今 14620±240 年的旧石器时代晚期,延续至距今 5600±200

图 3-14 江西沟遗址

图 3-15 江西沟 2 号遗址地层的陶片与石磨棒

年（Madsen et al.，2006；Rhode et al.，2008）。江西沟遗址不仅出土了大量的石制品，也发现了一些陶片（图 3-15），遗存体现出青藏高原中石器时代的特征，对理解青藏高原东北部史前狩猎采集人群的生存模式，以及从狩猎采集经济向农牧经济转变的过程具有重要意义。

江西沟 1 号遗址主要发现 2 个不同层位的灰堆以及 1 处火塘。发掘面积为 15 m²，出土了大量石制品，包括预制细石核、石片、石料、断块等，还发现了一些动物碎骨。火塘周边光释光测年结果与清理遗迹时所发现的 ^{14}C 测年结果均一致，指示此遗址形成年代为旧石器时代晚期距今 14000 年左右。

江西沟 2 号遗址光释光测年与炭屑测年存在一定的差异。根据炭屑测年可知该遗址人类活动年代最早形成于距今 11000 年，且一直延续至距今 5600 年（侯光良等，2012；Rhodes et al. 2008）。江西沟 2 号遗址样方中筛选出石器、动物碎骨和陶片等较多的人类活动遗存，石器主要包括细石叶、细石片、细石核、刮削器、打制石料和火烧石等，这些石器工具以细石器为主，其中细石叶的加工技术最为精湛。石制品的主要原料为多色燧石（图 3-16）。在样方中也出土了较多的动物碎骨，但大多数骨过碎而难以鉴定种属，从剩余可以鉴定的遗骨来看，这些动物主要为羊、羚羊、鹿等小型哺乳动物和啮齿类动物。一些动物碎骨上有明显的刻画遗迹，显然是与人类加工有关，可以反映当时的人类主要以细石器为工具进行狩猎活动。与此同时，样方中也出土了早期的陶片，预示着人类文明向新一阶段的发展，展示了旧石器时代向新石器时代过渡的特点。该遗址为研究青藏高原上史前狩猎采集人群的活动历史，特别是狩猎采集经济向农业经济转型过程，提供了关键的实物资料。此外，通过对该遗址的多学科综合研究，有望深入揭示史前人类在青藏高原的扩散路径和高海拔环境适应机制，具有深远的学术价值。

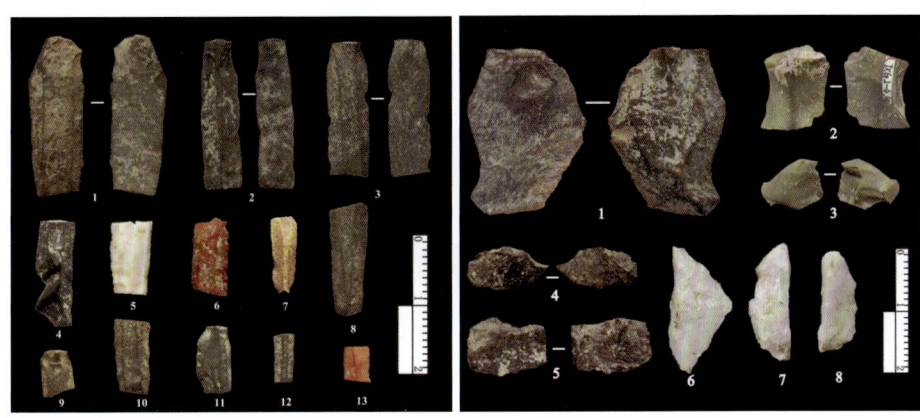

图 3-16　江西沟 2 号遗址下文化层出土的打制石器

2. 白佛寺遗址

白佛寺遗址位于海北藏族自治州海晏县青海湖东北侧，白佛寺后山腰，地理坐标为 36°55′31.4″N、100°44′27.9″E，海拔为 3399 m。因风力、水流等自然因素导致表土流失而露出一个高约 50 cm 的小土丘，小土丘边缘散布有石制品和动物骨骼等遗物（图 3-17 右），多为原地保存。遗物主要包括食草类动物的头骨、下颌骨、长骨和肋骨残片，以及豪猪等啮齿动物的骨骼。石制品以大型砍砸器为主，并伴有细石叶和细石核。

在遗址样方南侧发现一处灰黑色堆积区，向北逐渐变为浅黄色土状堆积。遗物集中分布在灰坑南侧约 2/3 的位置，灰坑内发现了完整的动物椎骨和被敲成两段的肢骨，以及石块、细石叶和少量磨圆砾石（仪明洁等，2011）。

通过光释光测年与炭屑测年，分别得出距今约 11000 年和距今约 4800 年两个不同年代，推测是由于遗址长期受水流和风力侵蚀，沉积的黄土被冲刷，而光释光采样位置在水平露出的黄土地层（图 3-17 左），可能偏离原始层位，导致测年偏差；而炭屑样品则是在清理遗物时发现的，表明此处古人类活动大约是在距今 4800 年（孙永娟，2013）。

左：光释光采样点（孙永娟，2013）；右：遗址点出土的动物椎骨（仪明洁等，2011）

图 3-17　白佛寺遗址

（二）祁连山周边地区新石器时代典型遗址

新石器文化最早在黄河中下游兴起，随着全新世大暖期气候转向温暖湿润，农业种植开始出现（安成邦等，2003）。史前人类的活动范围逐步扩展，尤其是仰韶文化（距今 8200—6900 年）在此期间向西扩展，穿越黄土高原，进入海拔更高的青藏高原，抵达官亭盆地、循化-化隆盆地和湟水河下游（谢端琚，2002；侯光良等，2019）。这一扩展促成了新石器人群与高原狩猎人群的首次交流。到全新世中晚期，以马家窑文化为代表的新石器文化在青藏高原东北部进一步发展，考古遗址数量急剧增加，分布呈现明显的扩散特征。这一时期青藏高原的本土文化-宗日文化（距今 5200—4100 年）迅速崛起，与马家窑文化共存。至此，青藏高原东北部成为新石器文化向西扩散的核心区域，是研究甘青地区史前文化发展的理想区域，也是中华文明的发祥地之一（周存云，2020）。这一时期典型的遗址包括胡李家遗址、沙隆卡遗址、柳湾墓地、贺尔加遗址等。

1. 胡李家遗址

胡李家遗址位于海东民和县中川乡光明村胡李家，地理坐标为 35°52′56.7″N，102°49′30.9″E，在大马家沟西岸的三级阶地之上，其北距民和县城所在地川口镇约 87 km，西南距官亭镇 2 km，南距黄河 3 km。向东隔甘家河与丹阳古城相望，遗址面积约 12.5 万 m^2（杜玮等，2019）。该遗址为仰韶文化类型，遗址所遗留的遗迹主要有灰坑、灶坑、房址、陶窑和墓葬等。该遗迹中发现灰坑共计 17 个，其中属于仰韶文化庙底沟类型的有 10 个。灶坑共计 10 个，皆呈圆形坑状，有的带有外凸的火种坑。

一般是在地面掘一个圆坑,然后敷以垫层,再抹上一层厚约 1 cm 的似水泥样的青灰色面,经火烧成十分坚硬的青灰色硬层,灶周围为红烧土状。房址共 3 座,其中 2 座属于庙底沟类型,分别为地面建筑和半地穴式建筑。胡李家遗址出土遗物极为丰富,可分为石器、陶器、骨器以及自然遗物等,具体包括生产工具、生活用具、装饰品等类。石器工具类以打制石器为主,磨制石器较少,还有大量的石片和屑料,可供观察的石制品数以千计,成器形的标本也有 200 件左右(图 3-18)。陶器主要是生活用具,陶片极为丰富,其中彩陶片数量很多,复原陶器具有较典型的代表性。生产工具有陶刀、陶纺轮、陶钻、陶凿等,陶制装饰品有大量的陶环,另外还发现了捏塑的陶人像(叶茂林等,2001)。2015 年,青海省文物考古研究所对该遗址进行发掘,所发掘的陶片经统计,其中泥质陶占 31.9%,而泥质陶中的彩陶占 42%,均为残片,可辨器形有瓶、罐、盆、缸、环等。

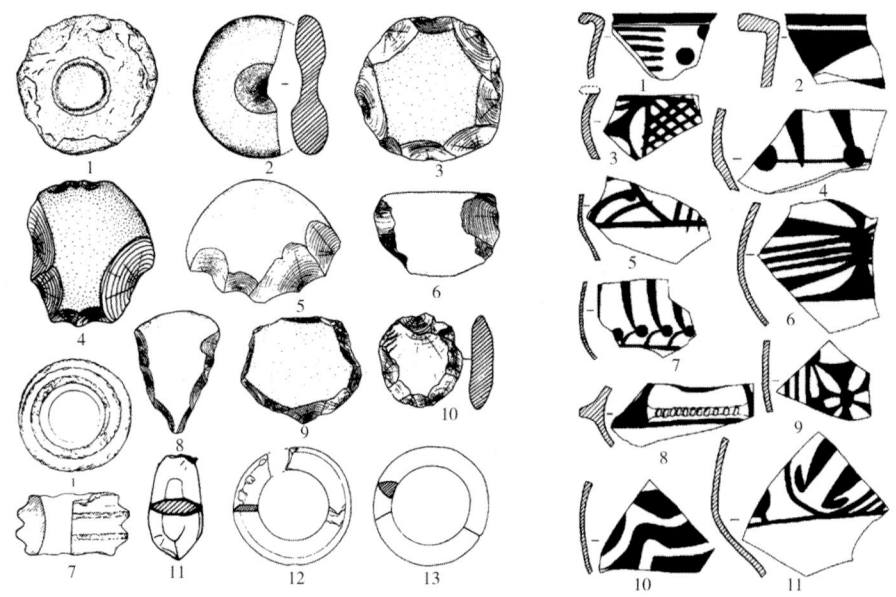

图 3-18 胡李家遗址出土的石器(左)与陶片(右)(青海省文物考古研究所)

2. 沙隆卡遗址

沙隆卡遗址位于海东市化隆县群科镇安达其哈村西 250 m,包含有细石器文化、仰韶文化、齐家文化和马家窑文化的丰富堆积(图 3-19),

于1987年被公布为县级文物保护单位。该遗址地处黄河支流伊沙尔河河口东岸二级台地，遗址规模较大，年代较早，最下层的细石器文化层距地表约4 m，面积约2.6万 m²，年代为距今8000年左右，其上层还有新石器时代仰韶文化庙底沟类型的文化堆积和马家窑文化堆积（乙海琳等，2020）。该遗址出土陶片数量众多，以夹砂陶为主，陶色多为红褐色，也有一定数量的黄褐色和灰褐色。陶器制法主要是泥条圈筑法，也有少量盘筑法，多数器形较为规整，大部分陶器运用慢轮技术进行修整，泥质陶器多进行磨光。遗址内还发现有小陶器，均为手制，器型不甚规整，制作较粗糙。陶器纹饰以绳纹最多，另有附加堆纹、网格纹、弦纹等，拍打、滚压、压印方法并存；主要器型为足罐、盆、缸等；还有一定数量的彩陶，施黑彩，图案有弧线纹、四点纹、弧线、角纹、重帐纹及方格纹等；多为平底器，偶见凹底器，主要器型有罐、钵、盆等。遗址还发现石核、石叶、石砧、石片和大量的石屑、断块、烧灰、炭屑、骨针、骨器、双穿孔蚌刀及动物骨头等诸多生产工具（任晓燕，2022）。

图3-19 沙隆卡遗址发掘现场

3. 柳湾墓地

柳湾隶属于海东市乐都区高庙镇，是河湟谷地的一个小村庄，位于湟水河中游北岸。柳湾遗址位于湟水北岸二级台地，遗址距湟水河约1 km，距柳湾墓地约600 m（图3-20）。遗址东南约800 m处有马家窑文化马厂类型的沙沟口遗址，遗址北侧紧邻齐家文化的柳湾村西遗址，海拔为1923 m。柳湾墓地位于柳湾村北约12万 m²的台地上。1974—1981年，中国社会科学院考古研究所与青海省文物考古队对该墓地进行了大规模的发掘，共发掘出马家窑文化半山类型、马厂类型，齐家文化，辛店文化等。新石器时代晚期至青铜时代的墓葬1500座，其中半山时期的墓葬257座，马厂时期的墓葬872座，齐家时期的墓葬366座，辛店时期的墓葬5座。柳湾墓地是迄今为止所发现的黄河上游最大的氏族社会公共墓地。

图 3-20　柳湾墓地

柳湾墓地共出土3万余件文物。柳湾彩陶器型多样，造型各异。从具体器型与用途分为：陶壶、陶盆、葫芦形陶罐等运水工具，碗、杯、樽、盂、豆等则是盛物和饮食的用具，而大型的瓮、罐是用来贮水、贮物的，加砂的陶罐、陶鬲还有一些三足器则被用作炊具。从使用的原料和颜色来分，陶器有泥制红陶、夹砂红褐陶、泥质灰陶等，以红褐色陶为主。半山类型阶段的器型有陶壶、彩陶盆、彩陶罐、陶瓶等10余种。马厂类型阶段除平底器外，还出现了圈足器，器型有陶盆、长颈陶壶、双耳彩陶罐、粗陶双耳罐、敛口陶瓮、小口垂腹陶罐、侈口陶罐、四耳陶罐、方形彩陶器、葫芦形陶罐、提梁陶罐、人像彩陶壶、人面彩陶壶、粗陶瓮等30余种（丁柏峰，2014）。

4. 仍果岩画

仍果岩画位于河湟谷地的海南藏族自治州贵德县仍果村，岩画位置在河湟谷地前方的一处地势开阔的台地上，背靠缓坡，坡上还有零散的石块。由于图案风化严重，大多已经模糊不清，野外初步判断其图案内容大概有羚羊、鹿、凹点、昆虫等。凹点在中原地区有分布，在高原上并不多见。岩画中未见高原上常见的牦牛图案，地域特点明显，鹿和羊的图案比较明确，这与历史记载的"河湟间少五谷，多禽兽，以涉猎为事"比较吻合。尤其是岩画所在地散布有不少卡约时期的陶片，提示此处岩画的时期应为卡约文化时期，即距今3000年前后，这与汤惠生推断的岩画时期一致。另外可以确认的是，贵德多拉河峡谷是距今3000年前羌人的狩猎场，应该分布有不少类似的岩画点。

图 3-21 仍果岩画

5. 贺尔加遗址

贺尔加遗址地理坐标为 36°03′07″N，101°24′09″E，海拔为 2258 m，位于海南藏族自治州贵德县河西镇贺尔加村东南部的山坡上，地处黄河的三级台地。遗址点地表分布有较多的石制品和陶片等古人类活动遗存，共发现石制品 167 件，石器类型主要为石核、石片，伴有少量的磨制石器，总体呈现工具+石核+石片+断块+疑似石器组合特征。陶片共 173 件，以马家窑陶片（91件）与卡约陶片（70件）为主，文化序列较为完整，从新石器时代马家窑文化延续至青铜时代的卡约文化，时段为距今 5300—3600 年，说明区域内既有马家窑文化的农业经济，也出现了卡约文化的游牧经济，生业模式随着文化的演替从农业经济到畜牧经济，再到游牧经济。同时，马家窑文化与宗日文化是大致同一时期两种不同类型的文化，贺尔加遗址两种类型的陶片共存的现象说明了区域内马家窑文化与宗日文化的交融与交流，从而反映了当时河湟谷地与共和盆地之间有着紧密的文化交流。

1. 石核；2~6. 石片；7~9. 石斧断块

图 3-22 贺尔加遗址典型石制品类型图

第三节 祁连山地区青铜时代环境与人类活动

一、环境背景

青铜时代祁连山及周边地区的气候以冷干为主,可能与北半球日晒减少有关(郝璐,2023)。研究显示该区域晚全新世气候比中全新世气候更为干旱(Hou等,2019)。Chen等(2016)通过重建青藏高原东北部全新世干湿变化提出了该地区中全新世湿度最大,晚全新世以来湿度减小,东亚夏季风有所减弱。李育等(2020)模拟了东亚及中亚地区全新世以来湖泊水位的连续变化,指出季风边缘区有效水分在早中全新世达到高值,而晚全新世有所下降。有学者收集了祁连山及周边地区古气候记录,根据地层资料和古环境代用指标数据重建了全新世不同时期祁连山部分地区有效湿度的变化,其结果同样显示祁连山地区晚全新世以来的气候逐渐变干(郝璐,2023)。

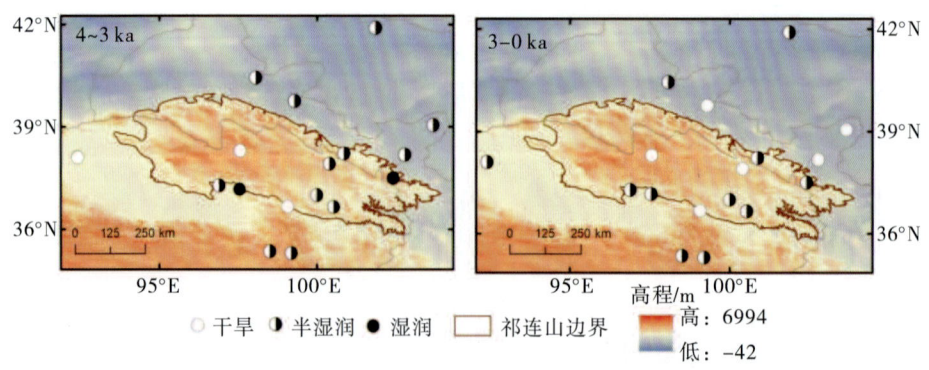

图 3-23 祁连山及周边地区全新世以来干湿变化(郝璐,2023)

这一时期,祁连山及周边地区干旱化的证据还表现为大量湖泊退缩和干涸、沉积粒径变细等现象(李育等,2013;王乃昂,2002)。研究显示,猪野泽晚全新世以来湖泊面积明显缩小,出现泥沼相沉积物,最上面覆盖了现代风成沉积物(李育等,2011);盐池在距今4700年以来湖泊退缩速度加快,最终干涸(李育等,2013);青海湖、尕海、哈拉湖和更尕海等水位下降，湖泊面积迅速缩小（Qiang 等，2017；郝璐，2023），如尕海地区在距今 3000 年以来降水量明显减少，湖泊受到的蒸发作用增强，面积减小，湖水盐度明显增大（郭小燕，2012）；茶卡盐湖自晚全新世以来湖泊退缩明显，咸化程度加大（Liu 等，2008）；青海湖湖东沙地河湖-风成沉积从距今 4200 年以来，从砾石沉积演变为砂质黄土沉积，最后向弱发育古土壤沉积转变。其中，距今 4200—4000 年，湖滨砾石沉积指示气候向干冷转变；距今 4200 年至今，沉积层位岩性由砂质黄土沉积向弱发育古土壤沉积转变，粒级组分以细砂和极细砂为主，中砂含量明显高于河湖相沉积，表明此阶段呈现出较为干旱的气候特点（陈东雪等，2021）。从以上古环境证据来看，青铜时代祁连山地区古环境趋于冷干化。尽管如此，该地区的人类活动强度并没有因为生存环境条件的恶化而减弱，相反，随着不同区域文化的扩张和生产力的进步，祁连山地区的人类活动较前期有所增强，并形成了符合区域环境特点的生业模式。

二、人类活动

青铜时代早期青藏高原东北部文化面貌以齐家文化为主。甘肃境内青铜时代早中期（距今 4000—3000 年）出现了齐家文化、西城驿文化、四坝文化（陈国科，2014）。青铜时代晚期祁连山青海地区内卡约文化、辛店文化（距今 3600—2600 年）、诺木洪文化（距今 3000—2200 年）开始兴起（侯光良等，2008），而祁连山甘肃地区内董家台文化、骟马文化、沙井文化则较为兴盛（董广辉等，2020）。

卡约文化（距今 3600—2600 年）是在齐家文化的基础之上发展而成的，其早期器类、葬式与葬俗在很大程度上均继承自齐家文化。卡约文化主要分布于青海境内的黄河沿岸和湟水流域一带，其中黄河沿岸与湟水流域的卡约文化面貌存在一定差别，整体分布范围北至大通河流域，南抵贵南和同仁一带，西达青海湖以西，东到循化、化隆一线。同时卡约文化通过张掖经扁都口穿祁连山与四坝文化也有了接触（李水城，2005）。整体来看，卡约文化在继承发展当地文化因素的同时，与欧亚草原地带的青铜文化、中国北方草原文化以及中原地区的商周文化均有一定程度的联系。

诺木洪文化（距今 3000—2600 年）因青海都兰诺木洪塔里他里哈遗址而得名，集中分布于柴达木盆地东南部的乌兰县与都兰县。辛店文化（距今 3600—2600 年）遗存显示与当地齐家文化有着紧密联系，是在齐家文化晚期遗存的基础上进一步发展而来，同时也有马厂类型彩陶的一些因素。辛店文化早期分布于黄河、洮河及湟水交会一带；中期主要分布在洮河下游与黄河两岸地带，而迫于周秦势力，此时已渐向湟水流域迁移；至晚期已深入湟水中上游一带（王辉，2012）。

三、生业模式与生态文化

祁连山地区新石器时代向青铜时代过渡时期的人类活动遗迹报道较少，故而对这一时期该地区的文化面貌很难做出深入解释，但也并非无踪迹可寻。考古调查显示，在祁连山北麓发现有新石器晚期四坝文化（大致与齐家文化相当）的民乐东灰山遗址（距今 4230±250 年），该遗址植物浮选结果显示，出土有炭化的粟黍、麦类（大麦、小麦、黑麦、荞麦和燕麦）作物籽粒及一定数量的胡桃壳和枣核等（魏益民等，2020）。动物考古研究表明，该遗址以家养动物为主，野生动物为辅（祁国琴，1998）。综上动植物考古研究结果可知，当时的先民主要从事粟黍农业，而麦类（小麦、大麦和裸大麦）与其他经济类作物是当地旱作农业的补充，且兼营一定规模的家畜饲养业。总之，从甘肃民乐东灰山遗址所反映的文化面貌看，至少在新石器时代晚期到青铜时代早期阶段祁连山地区已有史前人类活动，故推测祁连山南麓青海片区可能也有这一时期的人类活动遗存。2018 年，由青海省文物考古研究所和山东大学历史文化学院组成的联合考察队，在青海省海北藏族自治州祁连县八宝镇黄藏寺村黑河东岸的二级台地发现了一处青铜时代早期遗存——柳沟台遗址（海拔为 2700 m）。研究人员通过该遗址的地层叠加关系和植物考古研究发现该遗址的生业模式呈多元化特点，表现在以农牧混合为主，采集、狩猎和渔猎为辅（胡开国，2021）。青铜时代中晚期，该地区广泛分布有卡约文化时期遗址（如祁连县的青羊沟遗址、下塘台遗址及寺沟口遗址），考虑到这一时期畜牧业已得到确立，故而当时先民的经济方式以畜牧和狩猎为主，这一点在卡约文化器物上的羊、牛、犬、鹰、鹿和鸟等图案装饰与广泛分布的以动物题材为主的岩画点（如天峻县的卢山岩画、天棚岩画等）就是最好的体现。另外，水热组合较好的柴达木盆地东南缘分布有诺木洪文化遗存，植物和动物鉴定分析工作表明该文化遗址的农作物遗存中耐寒的大麦占据主要地位（Dong等，2016）。动物种群中的家畜主要有羊、牛（含牦牛）和马，其中以羊居多，野生动物有鹿、羚羊等。由此反映诺木洪先民农牧并重的生活方式，兼营小规模的狩猎活动（张山佳和董广辉，2017）。从上述证据来看，青铜时代早期祁连山地区开始发展农（麦类种植）牧（畜牧）混合经济；进入青铜时代中晚期，受东西方文化交流与气候变化的双重影响，本区先民主要从事以畜牧和狩猎为主的生业模式。

区域化石孢粉记录显示，距今4000年以后的青铜时代，中全新世大暖期结束，进入晚全新世气候开始变得相对干冷的阶段。在这种大的气候变化背景下，祁连山地区的环境也有一定程度的退化，高寒草原与草甸面积扩大，喜暖湿的温性森林植被退缩。同时，由于东西方文化交流，来自西部的小麦、驯化的牲畜、青铜器及其相关技术传入这个区域，使得该区域农业比重下降，畜牧业比重上升。祁连山地区的生态文化逐渐向农牧混合经济过渡，柳沟台遗址的研究表明，该地区的生业模式为多样化，混合了农业、畜牧业、采集和狩猎，显示出对周围自然环境的全方位适应。特别是在青铜时代中晚期，受东西方文化交流与气候变化的双重影响，当地先民逐渐发展为以畜牧和狩猎为主的生计方式，体现了对环境和气候变化的应对策略。

距今3600年之后，人类活动进一步增强，乔木减少，加速了森林的退缩。现今本区的植被状况是，河湟谷地内基本为人工栽培植被；河谷两侧1750~3200 m的广大小起伏中山地区多为以长芒草为主的温性草原，部分地区也被开辟为农田；2600~3400 m中起伏的中山地阴坡发育着呈岛状的以云杉为主的针叶林及山杨、桦树混交林，说明森林可以在本区生长。历史时期时该区域的森林有较高的覆盖度，是人类活动加剧了森林的退缩。

在这个时期，受气候变化和人类活动的双重影响，森林面积有所下降。例如乐都高庙柳湾遗址，齐家时代木质棺具墓葬比例较马家窑文化时期有

所降低，意味着森林的覆盖率有所降低；但独木棺数量急剧上升，木材直径较前期增加，说明人们可能向海拔更高的先前未被利用的林地进行砍伐。柳湾遗址发现6座辛店文化墓葬，均未发现木质葬具的痕迹，说明获得林木已经非常困难，森林覆盖率已经降到很低，位于湟水支流民和米拉沟的核桃庄墓地，发掘出辛店文化墓葬342座，其中102座墓有木棺，占总数的27.8%；贵德山坪台遗址位于黄河谷地二级阶地上，发掘出卡约文化墓葬90座，其中32座发现木棺，木棺是由直径10 cm的圆木或将圆木劈开拼凑而成。这些证据表明，青铜时代河湟谷地内森林植被严重退缩，可能在黄河谷地中只生长一些灌木植被。当然，在高海拔的祁连山地区，推测应该仍然保留有较为完整的原始森林区。

人类活动也可能导致生物多样性降低。陕甘宁陇东地区的研究表明，受粟作农业活动影响，地层沉积中包含较高比例的禾本科，以及蒿属孢粉，而其他种属则相对贫乏，可能指示了农业活动对原生植被破坏，导致周边植被群落退化，植物种类向单一化发展。对本地区互助县丰台遗址卡约文化遗址孢粉的研究表明：卡约文化早期农业经济占较大比重，文化层中孢粉组合以栽培植物、禾本科其他属种、菊科、蓼科为主，植被类型为草甸，与表土孢粉组合对比，当时禾本科孢粉数量明显高于现代，说明卡约时期聚落周围生长有更多的禾本科植物，人类可利用的植物资源比现代丰富，以后随着人类活动的加强，该区的植物群落向单一化方向发展，生物多样性有所降低。

需要注意的是，青铜时代人类活动进一步扩展，畜牧等人类活动可能扩张至更高海拔地区。比如共和盆地孢粉研究显示，距今3600—2000年较高的瑞香科含量指示区域内狼毒草与自然波动不符，反映了共和盆地距今3600年之后畜牧活动显著增强，草地退化可能有所显现。调查表明，在共和盆地内发现，距今3600年之后青铜时代的卡约文化遗址明显增多。

也就是说，青铜时代在自然与人类活动共同作用下，人地矛盾已经开始显现，人类活动已经成为一种改变自然环境的力量并开始作用于自然环境。同时，森林植被退缩、生物多样性下降等生态环境问题也初步显现。

当然，该时期人类与自然环境的关系仍然非常密切，人类继续保持了对自然的依赖，并在此基础上，随着青铜冶炼技术、驯养动物技术等的出现，生产力水平有所提高，人类开发利用自然环境的能力也得到了提升。随之而来的是人类的社会性不断增强，除了自然崇拜外，人类社会化产物也逐渐成为人们崇拜的对象。比如，辛店文化彩陶开始出现羊角纹纹饰，而该纹饰和驯养的家羊有关，反映了当时人类对于驯养羊的高度重视（图3-24）。再如，柴达木盆地东南缘的诺木洪文化（距今3000—2200年）遗址，反映了该地区生态环境寒冷的特点。同时，在这一时期广泛存在的卡约文化墓葬中发现有大量羊、牛等家畜的陪葬现象，以及耐寒的大麦类遗存，体现了人类在这一环境中是通过农牧结合来维持生计的，也指示了家畜对人类生活的重要性。

图3-24　辛店文化羊角纹彩陶罐

此外，所发现的岩画中丰富的动物图案，主要包括牦牛、鹿、猎狗等形象，反映了人类与自然界的深刻互动，尤其是在畜牧业和狩猎活动中对生态环境的深刻理解和对特定动物的自然崇拜。

四、文化遗址

（一）柳沟台遗址

柳沟台遗址位于海北藏族自治州祁连县八宝镇黄藏寺村黑河东岸的二级台地上，海拔为2700 m。祁连县位于青海省东北部，地处祁连山中段腹地，北面紧邻交通要道河西走廊，故有青海的"北大门"之称。2018年，由于黑河水利工程的实施，青海省文物考古研究所对柳沟台遗址进行了发掘。本次考古发掘揭露出的遗迹包括灰坑、房址、灶坑、水井等，出土的遗物包括石器、陶器和青铜器等。初步研究表明，柳沟台遗址的文化性质属于四坝文化晚期，是青铜时代早期的一个聚落。从地层关系上看，柳沟台遗址的文化堆积主要有 3 层：所有灰坑都开口自①层或②层，③层的文化堆积最少，只有 1 座房址（国家文物局，1996）。

（二）沙柳河遗址

沙柳河遗址位于海北藏族自治州刚察县沙柳河乡红山村西部的沙柳河岸边（包括桥东遗址和桥西遗址），南临刚察至天峻公路，西北接近水文站，北面是村庄，东面靠近刚察县的油库。遗址的面积约为 160 m×60 m，文化堆积厚度在 30~100 cm（图 3-25）。遗址的西南部在修筑公路时被挖去大约 40 m×40 m 的土方，形成了一个大坑。大坑的周围断崖上暴露出灰层和灰坑，灰坑中夹杂着大量的陶片、杂骨和鱼骨。靠近沙柳河岸的地方，还暴露出一段由石块垒砌的石墙，石墙残迹长 4 m，高 0.8 m，厚度不详。

大坑内还留存有灰坑、房屋及残灶的遗迹。灰坑呈圆形，底部已无从确认。房屋遗迹仅留有居住面，呈圆形，直径约 4.3 m，房屋中央用石块垒砌成灶，但由于被扰动，灶的原始结构已不清晰。遗址中有大量陶片，但都破碎严重，难以辨别器型。从陶质来看，有齐家文化时期的泥质红陶片和卡约文化时期的加砂粗陶片。石器则包括石刀、盘状器和石斧，其中以盘状器数量较多，说明沙柳河桥东遗址为齐家文化和卡约文化共存的遗址。

图 3-25　沙柳河桥东遗址

沙柳河桥西遗址在修筑公路时已被完全破坏，根据遗留下来的陶片推测其面积约为 60 m×60 m，陶片的特征与桥东遗址的陶片基本一致。桥西遗址是齐家文化在青海境内分布的最西端，同时也是青海湖滨发现的唯一一处齐家文化遗存。该遗址已被列为县级文物保护单位。

（三）金禅口遗址

金禅口遗址地理坐标为 36°92′N、102°54′E，海拔为 2419 m，位于海东市互助县加定镇加塘村金禅口社西侧，地处大通河南岸二级阶地上（图 3-26）。该遗址南北长 100 m、东西宽 80 m。面积 8000 m²，距离大通河谷约 400 m，相对河谷高出 50~100 m（杨颖，2014）。2012 年，青海省文物考古研究所对遗址进行了系统发掘，发掘面积约 285 m²，发现墓葬 1 座、窑址 2 座、房址 5 座及灰坑 18 个，出土了骨器、石器、陶器、少量铜器以及大量动物骨骼遗存。经分析，该遗址为一处齐家文化遗址。

图 3-26　金禅口遗址发掘现场

该遗址出土的动物骨骼分析结果显示，金禅口遗址以狩猎经济为主，牧羊经济较为发达。在动物骨骼中野生动物遗存占据主导地位，以鹿科动物为主（如马鹿、梅花鹿、狍子等），说明狩猎鹿类是当时先民主要的肉食来源，这可能与该遗址独特的小区域地理环境有着一定的关系。该遗址地处大通河下游地区，祁连山脉东端，受东南季风的影响，水热条件较其他地区更好，植被发育条件非常好，至今在青、甘交界的大通河流域仍然存在着大片原始森林。所以根据研究结果推测，河湟地区当时的气候温暖宜人，河谷阶地土壤肥沃，水草丰茂，多为山地丘陵，并有一定的森林分布，属于森林—草原植被带；当时的家畜主要为绵羊，还有少量的山羊。甘青地区在马家窑文化时期已经开始养羊，是由于金禅口遗址附近属于森林—草原植被带，适合发展养羊业，先民为了适应当地的生态环境，使养羊经济成为畜牧业经济的主体。另外，还发现有少量的狗遗存，可能用于放牧和狩猎辅助，猪的遗存则较少（王倩倩等，2020）。

（四）寺沟口遗址

寺沟口遗址位于海北藏族自治州祁连县扎麻什乡，所属年代距今约3000年。该遗址有两处：其中一处位于河北村，东西长60 m、南北宽20 m，为卡约文化与齐家文化并存遗址，地面暴露有灰层、陶片等遗迹遗物，文化层厚0.3 m。另一处在郭米村东700 m处，寺沟黑河北岸第二台地上，东西宽50 m，南北长150 m，文化层厚0.3 m，地面暴露有灰层、陶片等，为卡约文化遗址。两处遗址都出土了石制的刀、斧、镞、臼、杵、锤，骨制的镞、铲、锥以及铜制的刀、斧、凿、镰、镞等大量生产工具，还有粮食（粟类、麦类）和较多的牛、羊、马、狗等家畜骨骼，出土物种类极为丰富。

从遗址的地理位置和相关遗存可以得知，寺沟口土地肥沃、水源充足，当时的先民已经掌握了农作物种植技术，并大量种植粟、麦，驯养大量的牛、羊、马等家畜。从遗址可知，早在距今3000年前，该地已经形成了以畜牧业为主，以农业、狩猎及采集为辅的经济生产模式。在由新石器时代进入青铜时代的过程中，这些先民在制陶和冶铜方面取得了较大成就。

（五）尕牧龙沟遗址

尕牧龙沟遗址位于海北藏族自治州门源县东川镇尕牧龙沟口东侧高100 m的台地上，其地平坦，东为上塔龙沟，北为高山，西为塔龙滩村一队，南为加多村。加多村前为民门公路，附近有尕牧龙沟水。遗址范围东西 20 m、南北 100 m，出土文物有陶罐、陶片。该遗址于 1983 年出土腹耳罐 1 个，1987 年又发现古瓷陶片若干，均属于卡约文化遗存。出土文物由青海省文化和旅游厅文物管理处保存。

祁连山地区的卡约文化遗址主要有峨堡三角城西侧遗址、峨堡乡白石崖遗址、古方城遗址、扎麻什寺沟口遗址、铜矿台遗址、夏塘东台西遗址、夏塘东台东遗址、青羊沟口西遗址、棉沙湾遗址、塔龙滩古村落遗址、孔家庄古村落遗址、巴哈口西侧古墓遗址；而辛店文化遗址主要有克图乡红卫古墓群遗址等。

（六）刚察彩绘手印岩画

手印岩画是一种世界性的岩画题材，分布于亚洲、欧洲、非洲、北美洲和大洋洲，是最古老的岩画表现形式之一，最早出现于旧石器时代晚期，并在近代原始部落岩画中依然保留。有学者在海北藏族自治州刚察县城以北约 30 km 的草原山梁上，靠近北部山坡的巨石堆中发现了手印岩画（图 3-27）。在一堆较为集中堆积叠压的巨石中，形成了约 8 m^2 的空间，上方石块之间有缝隙，阳光可以透入。岩画绘制在岩棚左上方，范围高约 1.12 m，宽约 1.95 m，画面较为集中，无整齐的边缘。岩棚整体高度约 2.3 m，最宽处约 4.3 m。

图 3-27　刚察彩绘手印岩画外景

经专家辨识，这幅岩画主要由红色颜料喷绘的手印图案组成，属于阴纹图案，共13个手印，其中左手和右手各4个，另有5个难以辨识（图3-28）。大部分图案较为清晰，右上方图案已褪色，仅可见4个模糊手印；下方部分因曾受积水浸泡，表面覆盖有薄青苔，仅能辨识出2个手指部分残留的手印。手印图案大多集中在左侧，间错分布，有些相互叠压。

图 3-28　刚察彩绘手印岩画

在岩画的中下方绘有两个并列的小型人物，采用单线描绘，人物正面站立，双腿分开，两臂向下斜伸，裆下伸出短线，似乎表现了男性特征。在小型人物的上方，有一个单侧羽毛状图案。中部偏上绘有一个较大的人物形象，造型与小型人物相似。岩画的颜料呈深浅不一的红色，经成分分析含铁元素，未检测到汞和硫，排除了朱砂的可能性，推测为氧化铁矿物颜料。此外，岩壁上分布有白色斑点，据检测显示其中钙与碳含量较高，并含硫元素，可能为硫酸钙或碳酸钙成分（青海省文物考古研究所等，2020）。

刚察彩绘手印岩画的发现，不仅填补了青海省在岩棚岩画、彩绘岩画和手印岩画方面的空白，丰富了青海岩画的文化内涵，也为研究青藏高原的史前艺术增添了新的实物材料，具有重要的学术研究价值。

第四章

祁连山地区历史时期以来环境与人类活动

第一节 祁连山地区历史时期古环境与人类活动

一、环境背景

气候变化对生态系统和人类社会产生了深远的影响。尽管气候变化与人类社会的相互关系错综复杂,但适宜气候(如温暖、湿润)往往伴随着文明的兴起,而恶劣气候(如寒冷、干旱)则与社会动荡、人口迁移和文明更迭密切相关。历史时期的祁连山地区整体降水较全新世中期少,其间尽管存在中世纪暖期和小冰期阶段的冷暖交替时期,但全域依旧呈现干旱化的趋势。

祁连山中段的天鹅湖古环境研究记录显示,历史时期以来有5次明显的干湿期变化,湿润期时段分别为:公元前240—120年、公元200—260年、公元690—720年、公元1300—1330年、公元1600—1730年。小冰期到来之前(青铜时代—公元1300年),天鹅湖碳酸盐含量变化反映了湖区降水总体呈现逐渐减少的趋势,尤其是中世纪暖期(公元720—1300年)最为干旱。小冰期开始于公元1300年,出现了3次降水较多的时期,公元1600—1730年是小冰期最盛期。但小冰期内存在一系列的气候波动,祁连山地区古气候记录显示该地区冷暖时段交替出现，干湿波动明显。树轮重建祁连山中部地区近千年的旱涝情况，显示该地区旱涝频繁。在公元1540—1590年和公元1670—1710年出现了两次较长的大干旱期，此时大气降水较少（康兴成等，2003）。天鹅湖记录的中世纪暖期与小冰期分别是暖干、冷湿的气候组合模式，与前人研究得出的西风环流影响下的气候变化特征一致，反映出湖区可能受到西风环流的影响。同时，天鹅湖反映的小冰期气候相比于中世纪暖期更加不稳定（闫天龙，2018）（图4-1）。

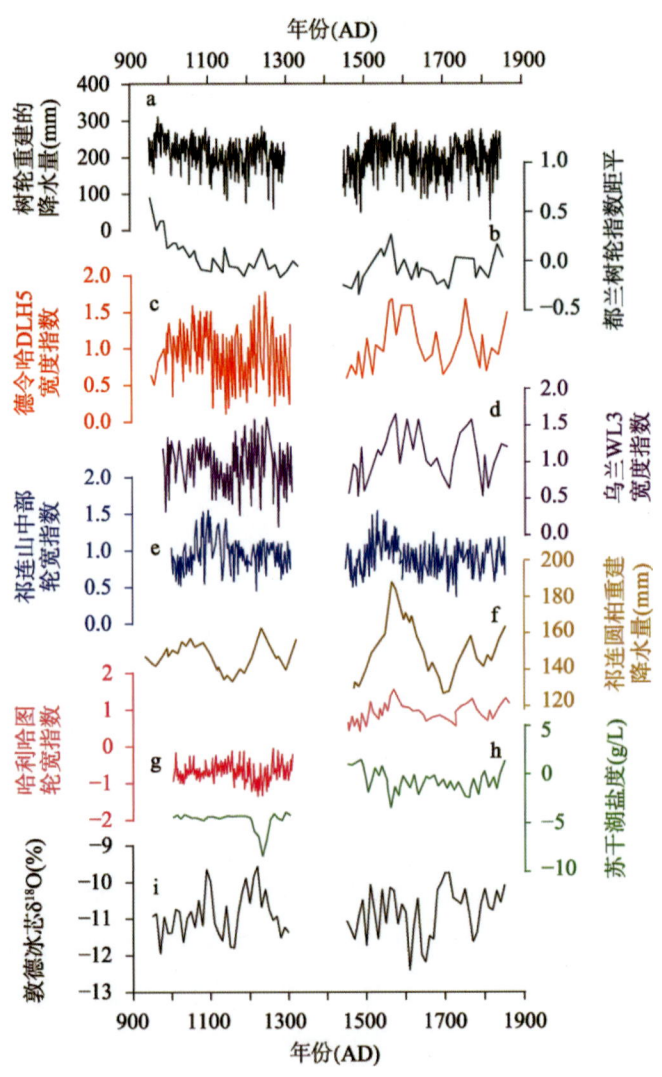

图4-1 祁连山地区中世纪暖期与小冰期典型气候记录（周雪如和李育，2022）

在整体干旱化背景下，祁连山地区的湖泊面积逐渐退缩。有研究发现历史时期以来该地区湖泊干涸和退缩速度已经远远超过以前的演化速度，其中人口扩张、社会技术进步及人类活动因素的影响不可忽视（闫天龙，2018）。祁连山地区是气候变化和人类活动的生态敏感区，人类出现之后，各种自然的与人为的因素共同塑造和改变着生态环境，后者逐渐成为影响生态环境的重要因素。人类活动可以通过影响土壤、植被、水温等自然要素来打破自然界原有的平衡，如人类过度放牧、开垦荒地等直接毁坏植被生态系统。常亚鹏等（2017）的研究表明草地被开垦为农田将导致土壤碳元素损失将近一半。韦应莉等（2018）证明了人类过度放牧会使土壤养分下降，有机质减少，而水资源的不合理利用使供给植被的水量减少，影响植被生长。

祁连山地区的地貌、气候和生态系统自古以来便为人类活动提供了丰富的资源，尤其是林木资源。这片地区的历史文化底蕴深厚，在距今2000年以来的历史时期中，人类活动对环境的影响持续增强，并留下了许多珍贵的遗迹，如古城、古长城、古寺等。这些遗迹见证了历史时期众多古代王朝的兴盛与衰落，以及游牧文明向农牧混合文明的变迁（高铭君等，2023）。在历史时期，祁连山地区的人类活动主要包括农耕、牧业、狩猎和贸易等。这里的居民擅长种植和饲养动植物，利用丰富的自然资源为生活提供所需。但也正因为人类活动的增强，人类对祁连山地区生态环境的影响也日益加剧。有研究表明，距今2000年以来，环境代用指标波动幅度较大，可能与人类活动强度增加有关（郝璐，2022），成为该阶段湖泊沉积相变化的影响因素之一。有学者通过重建中国北方沙尘暴活动数据发现，距今2000年以来的沙尘暴活动完全转为人为强迫，人类活动取代了东亚夏季风成为主控因素（Chen et al.,2020）。

二、人类活动

适宜的气候促进了人类社会的发展，青铜时代晚期铁器开始出现，人类社会开始步入铁器时代，极大地提高了社会生产力，人口数量开始迅速增加，社会结构也向更加复杂的方向发展，由于复杂的社会背景和气候

变化导致历史时期祁连山地区王朝更迭频繁。如唐朝末年,祁连山地区为河湟吐蕃唃厮啰政权控制;南宋绍兴六年(公元1136年),西夏军队占领湟水流域及其以北地区,今祁连山地区亦为夏人统治。宝庆三年(公元1227年),成吉思汗所部蒙古军占领青海北部地区;绍定二年(公元1229年),成吉思汗第三子窝阔台即汗位后,将青海、甘肃及河西走廊原属西夏国的区域划归其二子阔端为封地。

从汉朝到清朝期间,祁连山地区的人类开发活动可分为5个阶段:开拓、发展、鼎盛、衰落、恢复与缓慢发展。

(一)两汉魏晋南北朝时期

两汉时期,祁连山地区的气候相对温暖湿润。《史记·匈奴列传》引《西河旧事》记载:祁连山"在张掖、酒泉二界上(祁连山中段地区),东西二百余里,南北百里,有松柏五木,美水草,冬温夏凉,宜畜牧"。也就是说,在西汉初期,祁连山地区森林广布,西至甘肃与新疆交界的伊吾地区,东至白银、海东等地,东西1200 km都是松柏五木。当时气候冬温夏凉,极为适宜畜牧业的发展。祁连山间的谷地、河谷宽广,是历史悠久的天然牧场。《太平寰宇记》卷一百五十二引《西河旧事》云:祁连山"宜放牧,牛羊充肥,乳酪浓好,夏泻酪不用器物,刘草著其上,不解散,作酥特好,一斛酪得酥斗余。又有仙树,人行山中,饥渴者食之即饱"。由此可见当时祁连山地区及其山前焉支山一带,不仅松柏五木、"仙树"生长良好,而且水肥草美,牛羊赖之充肥,为匈奴等游牧民族所依赖眷恋。霍去病将军扫荡匈奴后,匈奴悲呼:"失我焉支山,令我妇女无颜色;亡我祁连山,使我六畜不蕃息"。由此可见,祁连山地区是匈奴人重要的畜牧场,此时祁连山地区的主要生业模式为游牧经济。

祁连山地区在匈奴人来此定居之前,其青海地区已经有羌人部落在此繁衍生息多年,其人口众多,在汉代历史的发展中影响很大。西汉初年,部分羌人发展到了湟水以北的祁连山地带。西汉高祖六年(公元前201年),居住在河西走廊一带的大月氏因遭匈奴攻击,部分退守今祁连山一带,与湟中羌人杂居,史称"小月氏",他们的南迁促进了今祁连山地区畜牧业和南北交通的发展,他们的南迁之路也成为后来丝绸之路青海道分支——"羌中道"的雏形。

自汉武帝刘彻河西建郡起，汉王朝在河湟谷地陆续设立兼备军事和邮驿性质的机构，成为供兵戍守的军事堡垒，同时，开始向河湟地区移民实边、屯垦开发农业。随着大规模移民实边、屯垦开发的进行，大量人口迁入，考古遗址数量明显增多（郝璐，2022）。祁连山地区周边河谷地区的部分天然植被被砍伐用于建筑材料、薪材等，部分土地被焚烧开垦以作田地，成为人工栽培作物用地。该地区的森林景观一度遭到破坏。虽然祁连山地区的农业生产活动不断增强，但牧业仍是主流。霍去病击败匈奴后，为了改良马的品种，提倡当地羌人发展养马业，自此门源地区以盛产名马而著称于世（赵英，2010）。马在古代被列为六畜之首，是驿传、耕种的重要工具，又是征战、骑射的重要国防军备，能"任重致远"。《后汉书·马援传》中有云："马者，兵甲之本，国之大用。"故史上历代都把养马、征马视为要政之一，并专设机构来管理这项工作。

汉宣帝时，赵充国率军平定叛乱后，在祁连山南麓浩门河（今大通河）、湟水流域一带屯田，两汉在此且耕且战，农业生产得以发展，但同时也对祁连山地区的森林植被造成了一定程度的破坏。赵充国所上汉宣帝的《屯田疏》中云："臣前部士入山，伐材木大小六万余枚，皆在水次"。在其整个屯田过程中对森林植被的破坏可想而知。随后赵充国又上状言"不出兵留田便宜十二事"，其中第六事为"以闲暇时下所伐材，缮治邮亭，充入金城"。说明就连距祁连山有些距离的金城郡（今兰州市）也须仰赖祁连山地区的木材，可见其供给的范围之大。到了建武四年（公元 28 年），时任河西五郡大将军的窦融颁发了禁止砍伐树木的诏书令和执行此令的报告，诏书曰："吏民毋得伐树木，有无，四时言。谨案部吏毋伐树木者，敢言之"。由此知当时伐树的情况已较严重，因而必须颁布专令以禁。经两汉时期的发展，祁连山地区开始向农、林、牧相互交错区域转变，人类生产生活对自然生态的影响强度和范围不断加大，对祁连山地区森林的影响逐步增加，祁连山地区森林逐渐由自然演替转变为自然因素与人为干扰共同作用下的演替（李并成，2000；李顶，2005）。

魏晋南北朝时期，祁连山地区统治力量迅速更迭，先后经历了前凉、前秦、后凉、南凉、西秦、北凉、吐谷浑等地方政权的交替统治，战乱不断、社会动荡，使得祁连山地区的森林、草原资源大量被毁于战火之中。北魏时，段承根在写给李宝的诗中有"自昔凉季，林焚渊涸"之句。由此可知十六国以来祁连山森林破坏之严重，从中又可得知河西人对于"林"与"渊"的关系早已有所认识。一方面，当地割据政权统治者大修宫室，所用木材皆取自祁连山地区。十六国时，西凉李暠安置中州等地移民于党河中游，在别盖至沙枣园一带开垦了大片耕地。另一方面，积极推行轻徭薄赋、劝课农桑的农业政策，对包括祁连山南麓的广大河西地区的农业发展产生了积极意义。同时，鲜卑吐谷浑人进入河湟谷地和祁连山地区，带来了大幅度的人口波动和民族交融，也从蒙古草原带来了先进的游牧方式和生产经验，促使祁连山地区游牧业生产结构发生重大变化，并进一步扩大发展。然而，从生态角度来看，随着人畜数量的大幅度增加和民族间战争的频繁发生，该地区的草原生态遭到较大的破坏，草原承载力下降，迫使吐谷浑人和羌人大多内迁。

（二）隋唐和宋元时期

隋唐早期，祁连山地区林草资源虽早已遭受破坏，但基本情况仍远较今日为好（李并成，2000）。李白有诗云："明月出天山，苍茫云海间。长风几万里，吹度玉门关"，表达了对祁连山地区森林云海的赞叹。《沙州都督府图经》中描述甘泉水（今党河）上游河谷概况为"美草""瀑布""桂鹤""蔽亏日月""曲多野马""狼虫豹窟穴""山谷多雪"等。虽仅存片言只语，但亦可见祁连山西段林草茂密之况，山高林深以至于蔽日掩月，雨雪丰沛，瀑布长悬，鹤、狼、豹等禽兽出没山间，在较宽阔的河曲滩畔有野马徜徉……这种境况在现代祁连山生态保护之前已不多见。隋炀帝大破吐谷浑后，将屯田制度从今青海一带向西推进了一大步。伴随着唐代大规模开发的进行，河西走廊的人口成倍增长，开发规模也远胜于前，从而使得祁连山地区林草的利用有增无减。同时，唐代盛世之下的丝绸之路空前兴旺，佛教也得到更广泛的传播，在前代修凿的基础上，河西各地建窟之风大盛，建造佛寺洞窟亦需大量耗材。云楼、飞阁、玉宇、重轩、雕檐、绮窗、绣柱、磴道等皆需选用优质木材建造，如此之宏伟壮观、富丽堂皇，令人瞠目结舌，其所费林木之巨不言而喻。寺院长期礼佛，灯油、照明灯油、食用油、雇工报酬油等耗用巨量。其榨油工具的主件即"油梁子"，直径一般为米许甚或更粗，长1 m，且须选用榆、柳等较坚实沉重的木料，这对高大林材的砍伐自然不会少。到唐末时期，凡占有田地之民户均须向归义军官府交纳"冬柴"和"夏柴"。由于砍伐过于严重，以致直接影响到水源的涵养和农田的保护。敦煌文书《太平颂》为此呼吁"大家至须努力，营农休取柴樵，家园仓库盈满，誓愿饭饱无损"。由此也表明当时人们对于森林的生态功能已有较明确的认识，使得祁连山地区的生态环境开始由自然草原生态系统逐步向半自然农田生态系统演变，但比较缓慢。

11世纪前后是祁连山中部地区降水多变的时期，旱涝转变十分频繁（康兴成等，2003），不利于农牧业生产活动的持续进行。而到了宋元时期，大致对应中国地区的中世纪暖期（公元950—1300年），该时段内全国多地出现不正常温暖时期，祁连山地区的古气候记录也表明了该时期整体处于稳定的温暖气候（张小艳等，2012；周雪如和李育，2022）。在13世纪祁连山中部出现了长达60年的大湿润期（康兴成等，2003），不仅利于旱作农业进一步快速发展，也有利于祁连山森林生态的恢复。较适宜的气候和农耕经济的快速发展促使人类开始定居于此，遗址数量逐渐增加。祁连山地区自唐末至五代十国以来，因社会动荡和战乱而饱受破坏的农牧业经济开始得到复苏和发展，主要生业经济仍以畜牧业为主，尤其以养马业最为发达。

西夏统治河西走廊地区时，也把"条椽"作为民户必纳的税种之一。"条椽"是需要采伐那些枝干笔直粗实的树木的，而且树木相当大的部分是来自祁连山地区。成吉思汗第三子窝阔台即汗位后，将其次子阔端封为西凉王，又称永昌王，在门源县地皇城滩筑避暑行宫，名"斡尔朵城"。清人梁份所著《秦边纪略》云："其草之茂为塞外绝无，内地仅有。"蒙古人称其为"夏日塔拉"，意为"黄金牧场"。

（三）明清时期

自明清时期人口爆炸式增长以来，人类对生态环境的破坏越发显著，如开荒垦殖、兴建水库、破坏森林植被等，这些活动无一不加剧了当地自然环境的恶化和湖泊的急剧缩小乃至干涸。

及至明清时期，随着祁连山周边地区又一次大规模农业开发的兴起和人口的大量增加，祁连山地区的林草覆盖破坏也日益加剧，不仅进山伐木猎材的活动愈演愈烈，而且随着农垦规模的不断扩大、矿冶开办，一些浅山区也遭到破坏。如祁连山东延余脉在古代曾是"崇岗隐天，邓林蔽日"，明代开始大量采伐，文献中有"若采雪山之木，下兰、靖之筏"的记录。

明洪武六年（公元1373年），开始在祁连山地区实行"上马为军，下马为耕"的政策，先由军队屯边开垦，主要从事军马饲草料的生产，而后规模化地开展移民实边政策，使得养殖业进一步发展。

青藏高原东北部在公元15世纪下半叶出现了明显的干旱期（Yang et al.，2014），而在世纪尺度范围内，公元16世纪是祁连山中部地区最干旱的100年，有80年为少雨年（康兴成等，2003）。明嘉靖八年（公元1529年），在人口压力和干旱问题的困境下，朝廷鼓励民众开山垦田，《明会典》卷一八记载"南北山地，听其尽力开垦，永不起科"。这些行为造成的直接后果是浅山区、中山区的森林草场资源遭到破坏。长期人类活动的破坏导致祁连山地区森林的覆盖度开始下降，森林面积收缩，森林破坏的后果已经开始显现。清代建立之后，社会渐趋安定而百废待兴。清王朝采取了一系列的安民措施，大规模招民复垦，希望迅速振兴之前由于王朝交替而被严重摧残的社会经济。一时间，"地方大吏争以开垦为功"，祁连山地区地方行政所属的甘肃地区本是"甘肃多山，山多林木"，但"自昔省山启辟，采山耕山者人岁增多，林日减少"，而耕地日益增加。如祁连山东麓原有"黑松林山"，至清乾隆年间却是"昔多松，今无，田半"。清末时期社会动荡，为躲避当地军阀抓兵苛派和天灾人祸，被迫逃入祁连山地区深处的人口越来越多，由此毁林造田、放牧的现象越加有增无减。

祁连山地区的大规模毁林现象始于明末清初。史料记载，清雍正元年（公元1723年）年羹尧平定罗卜藏丹津之乱过程中，为清剿藏身于祁连山密林之中的叛军，不惜命人放火烧山。罗卜藏丹津事件之后，为加强清王朝的集权统治，增设大通卫管辖祁连东部地区，该卫前总镇冯允忠在黄田一带拨兵试种，耕种尚未成功。至清乾隆二十六年（公元1761年），为畜牧业服务的种植业才真正得到复苏。乾隆至嘉庆年间（公元1736—1820年），随着人口的增加，大量的游牧草地被开垦，耕种技术随之改进，祁连山地区的资源环境与生态承载压力进一步凸显。

明清时期发展的工商业活动也对祁连山地区的生态环境造成了破坏。明清以来的矿产开发活动的开展也不可忽视地影响了祁连山地区原有的生态环境。万历年间，西宁兵备副使刘宽敏等率人在今互助县的五峰寺山之地发现铁矿，遂决定开矿并置办炼铁厂，取周围山地的木柴和煤炭供炼铁之用（《西宁府新志·艺文》"木则采诸无禁之山林"）。清代时八宝山曾发现金、银、铜、铁、锡、朱砂等矿，曾经试行开采，明清时期对祁连山地区药材的采挖也日甚一日……皆取给焉。有些地段因采挖过甚，以至所剩无多，严重影响到药材的繁育更新（李并成，2003）。

就受人类活动影响的程度来说，祁连山地区东部和西部明显大于中部，特别是东部地区的森林覆盖度的变化更加明显。人类开垦的范围从低山区、浅山区向中山区推进，有些相对低矮的山地从山麓到山顶已经被完全开垦为农田，原有的森林整体数量减少。浅山区、山麓地带的灌木林、浅林随着不断增长的土地、薪材、建筑需求而消失的森林分布线继续向脑山区后退。人类不断向祁连山地区进军的历程，促使祁连山地区由森林草原生态系统为主—森林草原、半农半牧生态系统交替—半农半牧生态系统为主生态模式变迁，成为祁连山南麓历史生态环境变化的主流与基本过程。

三、生业模式与生态文化

秦汉时期是祁连山地区封建农业的起始阶段，这一时期该区域的农业开始发展，但畜牧业仍占很大比重，因此在生业模式上呈现出农牧兼营的趋势。

魏晋以来，祁连山南麓出现诸多政权交替统治的局面，导致该时期战乱频发，使得草原森林遭到破坏。隋炀帝杨广时期屯田制度从今青海一带

向西推进,促使祁连山地区的生态环境开始由自然草原生态系统逐步向半自然农田生态系统演变,但比较缓慢。另一方面,蒙古草原的鲜卑吐谷浑人的到来引起了祁连山南麓游牧生产结构的重大变化。他们不仅引进了蒙古草原先进的游牧方式和生产经验,也引进了蒙古草原的主要畜种蒙古马。他们还引进波斯种畜,改良牲畜质量,培育出优良马种"龙驹"和"青海骢"。至隋唐之际,这里成为隋唐政府马匹的主要供应地。

在经历长时间的战乱之后,祁连山南麓的农牧业逐渐得到恢复和发展,尤其是畜牧业发展较快并占据主导地位。明代以来,祁连山南麓开始了较大规模的屯田,这使得当地的生业模式逐渐发生转变,以畜牧业为主的少数民族逐渐向从事农业为主的模式过渡,但由于长期的畜牧观念与特殊的地理环境,畜牧业仍居于主导地位(赵英,2010)。明清时期,回、汉民族不断移入祁连山南麓,垦殖业进一步发展,到民国末年形成了半农半牧、农牧结合的生业模式。

在短暂的历史时期,祁连山地区经历了由游牧文化向农耕文化、草原生态环境到半农半牧生态环境的变迁过程。历史时期的政府政策、人口增加、生产力水平提高、生产生活方式的转变,以及战争等人类活动是导致该地区生态环境变迁以及人类生态文化观念转变的主要原因。

祁连山地区垂直性地带显著,因而植被差异较大。在低海拔区域从事农业种植的人群通过开垦农田、种植农作物来获取生产生活资料;高海拔区域畜牧者利用自然环境开展畜牧活动。农耕过程是人类从自然界获得种子,再通过人工培育获取食物和新的种子,在农耕的过程中人类的创造性和改造自然的能力大大增强,开垦农田虽然在小范围内对环境造成了一定的破坏,但农耕是遵循自然法则、以维护生物与环境统一性为基础的生产方式,顺天时、量地利、取用有度、有机循环、多样平衡是农耕人群的实践智慧,也是对自然环境另一种程度的保护。

在农耕生产过程中,人们逐步形成了许多农耕智慧,他们将天气变化与植物的生长变化以及人类实践活动相统一,古时便有谚语"东虹日头西虹雨,南虹出来发猛雨",通过雨后彩虹出现的方位来判断天气,从而进行适时耕种;"四月芒种在前,五月芒种在后"是古人根据天气变化总结的规律，以芒种这一时节为节点，在此节点进行相应的农事耕种活动，其中蕴含了极为复杂的自然规律。同时古人把土地视为生命的根本，不断深耕、熟化、培肥、保土，运用各种措施改土养土，既养活了人口，又保护了土地，如谚语"伏天翻歇地，瘦地变肥地"即利用高温天气对土地翻耕，从而改善土壤结构、增加土地肥力；"头水苗，二水壮，三水浇熟好收成"其中蕴含的农耕道理是农作物生长的不同阶段都需要适量的水分，这样才能茁壮成长，同时在作物种植过程中对土地进行轮歇，每种2~3年后间歇1次，用以恢复地力，这都体现了农耕区人民的生态智慧（夏澍耘，2018）。

从事游牧的人群顺应较高海拔地区高寒的气候、山地草甸和草原植被的生态环境差异，进行季节轮牧游牧。夏季牧民驱畜进入高海拔区域，放牧于高山牧场；到了冬季，牧民会把家畜迁徙到低海拔区域的草地，如谚语"春放背，夏放岭，寒露霜降沟底哨"是祁连山游牧人群根据时令变化对畜牧业发展得出的智慧结晶。牧人跟着畜群转场，畜群随着水草走，人畜都循一年四季季节变化而游牧。牧人守护和驾驭着畜群，循着天时和季节变化的自然规律。从牲畜数量来说，有些放牧者会从保护草地出发，控制载畜量，选择将老、弱、病、残的牛羊及时出售，他们认为这类牛羊不及时淘汰，在气候恶劣、食物不足的条件下也会因冻饿死亡，这种牺牲小量保存大量的策略，是让大部分牲畜发展、保护草地、保护祁连山地区生态环境的适宜策略。从牲畜结构来说，畜牧人群会将牛羊的比例调整控制在1:1~3:1之间，因为羊生长繁殖快、食草少、羊毛产量多，反之牛生长慢、繁殖少、食草多、牛毛产量少，从经济效益来看，饲养羊比饲养牛更划算；从生态平衡来看，一定的物种与数量保持稳定有利于维持生态系统平衡。牦牛与绵羊的资源生态位也大不相同，牦牛可以利用高海拔区域牧草，从而使区域内的牧草资源得到合理利用（汪玺，2013）。

历史时期古人对森林保护也十分重视，在祁连山地区曾流传着许多谚语，如"家有十棵柳，不用山里走""享近福攒粪土，享远福多栽树""三分栽，七分管""只栽不保，越栽越少""山上长松柏，黑刺生山沟，河水沿上栽杨柳"等都是祁连山地区人们对森林生态环境保护总结出的生态智慧。历史时期生活在祁连山地区的人群根据不同的生业模式及其所处的环境制订出对应的策略,人类从史前时期对大自然的单向索取转变成历史时期主动地改造自然,这一过程使人与自然之间的互动关系逐步深化。

四、文化遗址

祁连山历史悠久、人杰地灵,早在新石器时代,羌人就在这片土地上繁衍生息,以勤劳和智慧创造了自己的文明,并与中原地区有千丝万缕的联系。此地自古以来便是河湟地区通向河西走廊的交通要道,同时,它是"丝绸之路"的必经之地,为历代兵家所重视,因此在祁连山地区保存有古代重要的历史文化遗址,其中最为重要的有峨堡古城、仙米寺、克图古城、岗龙沟石窟寺、伏俟城、湟源城隍庙等。

1. 峨堡古城

峨堡古城位于(西)宁张(掖)公路与峨祁公路交汇处的海北藏族自治州祁连县峨堡镇,距祁连县城 72 km,距西宁市 210 km,距张掖市 150 km,峨堡古城北面为缓坡高山,东侧为草场,西侧为祁连山谷及峨堡河,南侧为开阔草场及八宝河上游(图4-2)。北高南低,呈不规则的长方形。古城建于公元1206—1279年间,城墙南北长约300 m,东西宽约200 m,城墙

图 4-2　峨堡古城

残迹高 6 m，底宽约 6 m，顶宽 3~5 m，北城墙中部及四角各有马面，有东、西、南三个城门，门均宽 11 m。南城门有瓮城，东西长 30 m，南北宽 25 m，城门宽 5 m、长 8 m，内为弧形，夯土层厚 0.1~0.12 m。经 2013 年考古勘探，城内外共有遗址 81 处，城内主要遗迹有城隍庙、衙署、道路遗址，城外的护城壕、点将台、烽火燧遗址依稀残存；出土文物主要有石狮、瓷片、砖雕、古币等。峨堡古城坐落在巍峨俊秀的祁连山中端南麓美丽的祁连山大草原上，这里历史悠久，环境优美，生态优良，民风淳朴，民俗独特。

2. 仙米寺

仙米寺藏语全称是"葛丹达杰林"，意为"具喜兴旺洲"，位于仙米峡的讨拉沟，南距浩门河 4 km 处，是海北藏族自治州门源县境内最著名的藏传佛教寺院（图 4-3）。该寺建于明天启三年（公元 1623 年），清雍正二年（公元 1724 年）五月十五日被清军焚毁，四川提督岳钟琪指定该寺迁往门源加多地区，僧侣来到加多修建了简易经堂。清雍正三年（公元 1725 年）由一等侍卫散秩大臣达鼐将原属加多寺的一半领地划归该寺，选择了森林茂密、依山傍水的讨拉村重建仙米寺，由大经堂、小经堂、佛殿、花园等组成了别具一格的建筑群，达鼐题赠"显明寺"的匾额。现该寺由东院、西院两部分组成。西院为旧寺院址，建筑为四合院式，

图 4-3　仙米寺

占地 1710 m²，建筑物较为陈旧；东院由大、小经堂及大门组成。寺院总占地 11282 m²，总建筑面积 1505.3 m²。1998 年 12 月 22 日，仙米寺被青海省人民政府公布为第六批省级文物保护单位。

3. 克图古城

克图古城原名古骨龙城，位于海北藏族自治州门源县东川镇克图口村中心，古城西北略高，东南略低，平面呈椭圆形（图 4-4）。古城东西长 500 m，南北宽 360 m，城墙高 10 m，底宽 12 m，顶宽 3 m。城墙夯筑，夯土层厚约 0.14 m，城门宽 8 m，城墙内夹有直径 0.12 m 的木棍，马面不详，北墙有一个城门，东、南、西三侧均为河水冲击的悬崖。经考证古城筑于宋代政和元年，后经明、清时期两次修筑，城内有大量散落的瓦片，城址保存一般。1988 年 9 月 15 日，克图古城被青海省人民政府公布为省级文物保护单位。

图 4-4　克图古城

4. 岗龙沟石窟寺

岗龙沟石窟寺位于海北藏族自治州门源县东川镇巴哈村东岗龙沟脑，石塔开凿在东西长 100 m、高 50 m 的红石崖上，石塔高 6 m、宽 2 m，塔腹部开凿石窟一口，其内供有红泥制作的许多佛像；石塔左侧凿有释迦牟尼佛像一尊，高 1.2 m、宽 1.5 m，佛像右侧有一尊小佛像；塔的北部石崖口还有一座高石崖,崖面上有藏文六字真言和汉字"宝塔建在戊寅年"7个字;佛像南面有坐西朝东,通高6 m、宽2 m,图案为十三天相轮的岩画一幅,图案线条分明(图4-5)。1988年9月15日,岗龙沟石窟寺被青海省人民政府公布为省级文物保护单位,现已成为门源县著名的旅游景点之一。

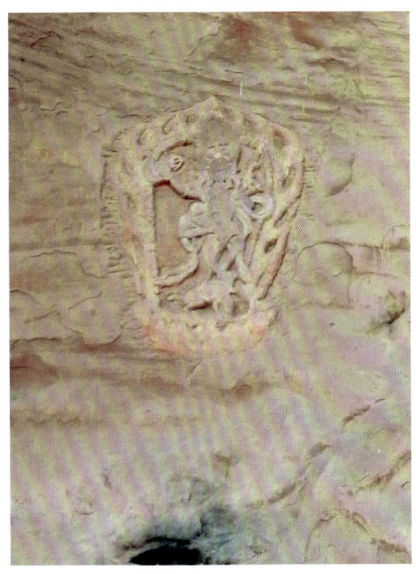

图4-5　岗龙石窟寺

5. 伏俟城

"伏俟"为鲜卑语,汉语意思为"王者之城",伏俟城位于海南藏族自治州共和县石乃亥乡铁卜加村西南,东距青海湖畔7.5 km。《魏书·吐谷浑传》:"伏俟城在青海西十五里",约北魏后期建,唐代中期废。城址略呈方形,南北200 m,东西220 m,基宽17 m,残高12 m,南开门,门宽10 m。城内自城门起向西有一中轴线,线两侧各有隆起的长50 m、宽35 m的3处互为连接的房屋基址,最西又有小方院,南北68 m,东西70 m,东开门,院垣破坏严重,仅见残垄(图4-6)。伏俟城东连西平(今青海西宁)、金城(今甘肃兰州),南下可达益州(今四川成都),西通鄯善(今新疆若羌),曾经在中西交通线上发挥过相当重要的作用。1986年7月,伏俟城遗址被青海省人民政府确定为第四批文物保护单位。

图 4-6　伏俟城

6. 湟源城隍庙

湟源城隍庙位于西宁市湟源县城关镇明清老街 100 号，始建于清乾隆四十一年（公元 1776 年），距今有 200 多年的历史，占地面积 6000 m^2，是省内保存最完整的古建筑之一，也是西北地区保存最完整的城隍庙之一。该庙为宫廷式建筑，依地形而建，北高南低，坐北朝南，用均衡对称方式，是三进两院布局，砖木结构，在中轴线上依次对称建有山门、戏楼、东西廊房、东西配殿、大殿、东西厢房等建筑（图 4-7）。庙舍古朴典雅，雄伟壮观，远近闻名。1986 年 7 月，湟源城隍庙被青海省人民政府公布为第四批省级文物保护单位。2013 年，湟源城隍庙被国务院公布为第七批全国重点文物保护单位。

图 4-7　城隍庙

第二节　祁连山地区近现代环境与人类活动

一、环境背景

近现代以来,祁连山的生态环境趋于稳定,但仍有可能随着时间的推移继续演变。祁连山青海地区位于柴达木盆地北缘,茶卡-沙珠玉盆地、黄河干流一线之北,西起当金山口,东至青海省界,地理坐标为 35°50′N~39°19′N,94°10′E~103°04′E,地跨海东市、西宁市、海北藏族自治州大部或全部,东西长 800 km,南北宽 200~400 km。

祁连山位于我国东部季风区、青藏高原区和西北干旱区的交会地带,地处我国季风边缘区,受季风、西风协同作用影响(侯战方等,2011)。高耸的山脉也拦截了夏季风输送的水汽,造成了北部干旱,但由于山地地势高度足够大,阻挡了干旱气候向南入侵,青藏高原的生态环境得到了保护,而且迫使寒冷空气沿祁连山脉扩张,在浅山区形成降温和降水,所以祁连山地区内形成了大陆性高寒半湿润山地气候(戎战磊,2019)。

祁连山地区的水热状况和组合在不同海拔区域的表现形式差异较大,在东、中、西段形成了不同的垂直气候带,其自然景观也表现为对应的垂直地带性分布规律。祁连山地区植被类型多样，现有高等植物257属616种，隶属68科。其中，蕨类植物8科9属11种，裸子植物3科3属6种，被子植物57科245属599种；分别占祁连山地区种子植物总科数的71.6%、总属数的57.5%、总种数的49.5%，分布着高寒荒漠植被、高寒高原植被、高寒灌丛、寒温性针叶林、温性草原和荒漠植被等类型，青海云杉林、祁连圆柏林、山杨林、桦树林、柳灌丛、金露梅灌丛和紫花针茅草原等保护着山体。多样化的植被有助于涵养水源、调节河川径流、防止水土流失、保护生物多样性、稳定气候环境，为祁连山周边地区提供生态安全保障，有利于维护区域内生态平衡（中国地理百科丛书编委会，2016）。

祁连山地区现代流水作用十分强烈，沟谷纵横，切面切割严重。现代冰川广泛发育，分布在西段和中段海拔4500 m以上的高山区，常年白雪皑皑，给祁连山地区增添无限的生机。冰川和冻土对土壤形成和发育有直接或间接影响，冻土分布下限阳坡在海拔3800 m，阴坡在3600 m左右，基本与当地森林上限相吻合，也与山地草甸土上限和高山草甸土下限相吻合。片状多年冻土区除地带性的高山草甸土、山地草甸土外，还多见泥炭土和泥炭沼泽土，沼泽土少见，带状融冻多发育灰褐土、黑钙土和栗钙土。

为保护祁连山地区的生态环境，国家于1988年成立了"祁连山国家级自然保护区"；2017年9月，中共中央办公厅、国务院办公厅印发了《祁连山国家公园体制试点方案》，确定试点建立祁连山国家公园，主要职责为保护祁连山生物多样性和自然生态系统原真性、完整性。近年来，祁连山国家公园青海省管理局深刻把握"三个最大"省情定位，积极推进生态文化高地建设，不断深化交流实践平台，依托自然观察节、生态艺术展、作家画家行等活动，主动传播习近平生态文明思想和国家公园理念，强化生态体验和自然教育，祁连山国家公园生态文化的丰富内涵、艺术创作的广泛外延，正如雨后春笋般蓬勃兴起（祁连山国家公园管理局，2022）。

二、人类活动

工业革命以来，人类活动对环境的影响已扩展到整个地球系统，引发了全球变暖、水资源匮乏、森林覆盖减少、沙尘暴频发等一系列全球性环境问题，这些现象的出现使得探究人类活动与环境变化的耦合过程与机理成为地球科学领域的研究热点（高铭君等，2023）。祁连山地区近现代的人类活动以农业活动为主。民国时期，祁连山南麓的农业生产规模较清代有了较大的发展。垦种地域由川水地发展到浅山、脑山地带。民国二十七年（1938 年），青海省政府推行垦务，驱使门源、大通、互助的壮丁及士兵，在门源地区的西滩簸箕湾等浅山、脑山开垦荒地，卖给当地平民。至 1949 年门源解放时，全县耕地面积达 28 万亩，其中粮油播种面积达 15.5 万亩。自明代至民国末年的 570 余年中，祁连山南麓农业经历了军屯转为民屯，以牧业为主—半农半牧—以农为主、农牧结合的历程。

民国时期，因战争和灾荒使政府对森林的管理失控，人们大肆砍伐贩卖祁连山地区林木，开垦林地、草地扩大耕地，祁连山森林遭受第四次大破坏，其严重程度是历史上少见的，森林覆盖率锐减，森林资源极度流失。新中国成立前，祁连山地区天然林由海拔 1300 m 退缩至海拔 2300 m（东段）~2400 m（中段）以上；森林质量则从优变劣，大部分退化为残败的次生林；东段永登、天祝、古浪、凉州、山丹县及肃南县皇城镇浅山区的灌丛、草地逐步被开垦为农田，中段民乐、肃南县一些平缓地带的灌丛、草地亦被开垦为农田，山区所有乔木林、灌丛和草地均被作为草场放牧，浅山区大部分灌丛因过度放牧和樵采而退化（汪有奎，2014）。

新中国成立前，作为生产资料的牲畜和草原绝大多数被占有，而人数占 90% 以上的贫苦牧民只占有牲畜的 10%~20%，且没有固定草场。畜牧业长期处于逐水草游牧、粗放、乱牧的原始状态。新中国成立后逐步对牧业进行了社会主义改造，积极引导牧民群众走互助合作的道路，对牧主采取赎买政策，建立公私合营的牧场。但是，近几十年来，祁连山地区的生态环境不断恶化，造成水源涵养功能减退、草地退化严重、沙漠化面积扩展、荒山秃岭面积增大、水土流失加剧、生物多样性遭到严重威胁、种群数量不断减少等生态环境问题。20 世纪 80 年代，政府将祁连山森林划定为水源涵养林并做出停止采伐森林的决定后，祁连山森林资源获得了休养生息的机会，但由于祁连山地域辽阔、自然条件严酷，

其生态环境表现为整体虽有好转、局部仍有恶化的趋势。为保护和治理好祁连山地区的生态环境，青海省正全面启动对祁连山南麓的生态环境保护与综合治理（赵英，2010）。

新中国成立初期至 20 世纪 80 年代末，祁连山地区经过了 3 次较大的垦草伐林、开垦农田的行动。第一次是 1958—1962 年，盲目毁草、毁林开荒致使大量森林被伐，优良典型草地开垦为农田，导致对天然林的严重破坏。第二次是 20 世纪 60 年代末至 70 年代末，肆意毁林垦草种粮，森林草原再次遭到严重破坏。经过严重的破坏，祁连山地区有林地面积从 1958 年的 12.4 万公顷减少到 1980 年的 11.8 万公顷。第三次是 20 世纪 80 年代，祁连山林缘的一些林地被开垦种地，郁闭度较低的有林地被划为草场。这一时期，政府高度重视，不断加强了祁连山森林资源的保护与培育（汪有奎，2014）。

三、生业模式

生业模式的选择由多重因素共同决定，首先就是地理环境，尽管该时段的祁连山地区环境趋于稳定，但拥有的动物遗存仍然较少，此时段的人类相比于史前人类，采集狩猎活动的频率大幅降低。近现代以来，全球气候逐渐变暖，极端的天气事件趋多趋强，在该背景下，祁连山生态环境问题逐渐突出，冰川退缩减薄、水源涵养功能减弱、植被退化严重、水土流失加剧等，这些不仅严重影响西北地区经济社会的可持续发展，而且对河西走廊的生态安全构成了巨大威胁，近现代祁连山地区人类生业模式以农业为主。

综合来看，近现代以来生业模式发生了转变。农作物分为粮食作物和经济作物两大类，主要品种有油菜、青稞、春小麦、燕麦（含青草）、洋芋、蚕豆和豌豆，不过除了农业生业之外，该时期的人对动物资源的利用仍占一定比例，饲养大量家畜以补充肉食。值得注意的是，随着祁连山近现代以来气候整体趋于暖湿，农业人群种植的作物和生业模式逐渐发生改变，促进了农业人群逐渐扩张。

四、文化遗址

1. 甘沟清真寺

甘沟清真寺（图 4-8），位于海北藏族自治州门源县东川镇甘沟下村中心地带，地理坐标为 37°19′36.7″N、101°56′49.0″E，西为甘沟西山，地处脑山，地势平坦，为大陆性高原气候，四季不分明，年平均气温为 1.7 ℃，年降雨量 450 mm，冰雹是主要的自然灾害。常见的野生动物有旱獭、野鸡等，土壤为黑钙土，四周为甘沟村村民民宅和耕地，东靠树园，南北两面紧靠民宅。附近村民以回族为主，主要从事农业，部分兼营牧业，主要农作物有青稞、油菜和马铃薯。养殖业以牦牛和绵羊、山羊为主。寺院东西长 60 m，南北宽 23.2 m，占地面积为 1392 m²。该寺始建于 1825 年，1924 年进行了扩建，1958 年被拆毁，1982 年再重建，后又进行了扩建。寺院由于常年受风雨侵蚀，损坏的建筑物不能及时进行维修，平时较多的信教群众前来礼拜，对寺院也有一定的损坏。

图 4-8 甘沟清真寺（孔宪平摄）

2. 祁连县烈士纪念苑

祁连县烈士纪念苑（图4-9）位于海北藏族自治州门源县峨祁公路66 km处，地处牛心山东北方向，紧邻八宝河南侧，地理坐标为38°08′24.1″N，100°17′16.9″E。纪念苑始建于1990年，由祁连县人民政府负责建造，原址在祁连县八宝镇下庄，后因城市规划，对纪念苑实行移址重建，将其迁至现址（森林度假村内），纪念苑北侧2 m外是八宝河，八宝河北靠卓尔山，南临牛心山，苑内有大面积的松树、柏树、白杨树等十几种树种。建筑有纪念碑1座，西路红军雕塑1座，角亭1座。纪念碑碑高3.3 m，宽5 m，上面记录了西路红军的英雄事迹。纪念苑占地总面积228 m²，建筑面积48 m²，目前纪念苑被列为青少年爱国主义教育基地，也是一处供游客参观的景点。

图4-9　祁连县烈士纪念苑（陈晓良等，2022）

3. 郭米寺遗址

郭米寺（图4-10）位于海北藏族自治州祁连县城以西22 km的扎麻什乡郭米村村北（离扎麻什乡政府3 km），属藏传佛教格鲁派寺院。该寺地处黑河以东，扎麻什郭米村以北高山间。民国十八年（1929年），该寺随同原居共和县甘地一带的藏族部落迁至郭米村。郭米寺兴盛期（1957年前后）有经堂2座，经堂陈列有檀香佛像、柏木千佛雕像、12卷叶木旦经书、大幅唐卡等珍贵物品，有僧舍160余间，牛600余头、羊1000余只、马40匹，僧侣80余人，其中活佛4人。郭米寺是祁连地区藏传佛教活动的重要寺院之一。1958年后寺院一直被关闭，直至1984年重新开放。

图4-10 郭米寺

4. 塔家村藏族民居

海东市化隆县塔家藏族乡的塔家村是现在为数不多的保存相对完整的传统村落之一（图4-11）。村庄依山而建，呈梯状递升，民居错落有致，选址讲究，当地人称之为"布达拉式"的建筑风格。村庄内有藏传佛教寺院、玛尼康建筑以及大量民居建筑，巷道众多。远观整个村庄呈扇形环山而居，庄廓形状有圆有方，依地势而建，格局紧凑。从低处看层层而上、节节攀升，颇为壮观，是典型的藏地建筑群。塔家保存相对完好的民居有近 20 座，据说有的已经过了数百年。"塔家干木奏"是塔家村人引以为豪的一项石砌技艺，意为不用泥或者沙，直接干砌房屋外墙。村民说，所谓"一石九面"，无论石块大小、形状各异，均可顺手而砌，一气呵成。内外墙最后的建筑工序就是糊泥巴，并将墙面磨平。2019 年 6 月，塔家村藏族民居被青海省人民政府列为第十批省级文物保护单位。

图 4-11　塔家村藏族民居

第五章

祁连山地区生态文化变迁

  祁连山位于青藏高原东北缘,是分割青藏高原与河西走廊两大地理单元的天然界线,也是青藏高原高寒区、西北干旱区和东部季风区的交会地带。区域内地形类型复杂,海拔起伏明显,气候环境复杂,具有生态承载力低、易被破坏且自我修复能力弱等特点。祁连山也是中国西部重要的生态屏障,是黑河、石羊河、疏勒河、党河等六大内陆河及黄河支流大通河的水源地。祁连山的存在犹如大漠中的一条巨龙,阻止了巴丹吉林沙漠、腾格里沙漠的南侵,使之不能与柴达木盆地汇合,并滋养了河西走廊的发展与繁荣,成为中国西部重要的生态屏障及战略要地。

  在浩瀚的历史长河中,祁连山地区经历了狩猎采集文化、中石器文化、新石器文化、青铜文化、历史时期及近现代等文化时间序列,生业模式由早期的狩猎采集到游牧文化逐渐过渡到半农半牧文化,而在不同文化时期生态环境呈现出不同的特征。旧石器时代晚期,青海原始人群已开始在该区域活动,在距今两三万年前后,祁连山地区气候温暖湿润,有适宜于成群食草类动物生活的疏林草原,生态环境较现在优越(赵英,2010)。全新世中期、气候温暖湿润,水热资源较为优越,这一时期新石器文化在青藏高原东部陆续出现,尤其是海拔较低的河湟谷地成为新石器农业人群定居的主要场所,遗址数量骤然增加,其中67.07%的遗址主要集中在海拔2500 m以下的河谷地带。全新世晚期,气候变冷、自然环境恶化,

史前人类的生业模式发生转变，人类开始由新石器时代进入青铜时代。此后随着生产方式的发展，人类进入历史时期，同时人类文明的发展对祁连山地区的生态也带来了重要影响。

在人类社会对祁连山地区生态环境影响不断加深时，人地关系曾出现多次重要的紧张时期，例如，隋唐、两宋时期人口峰值导致人类对祁连山周边地区开垦的加深；明清时期由于民族迁徙，战乱频繁，尤其到清朝初年出现了大面积的毁林；民国与新中国成立初期盲目的建设与开采，造成山区植被和生态环境的严重破坏等。随着环境问题的不断加深，人们开始意识到人与自然之间相互依赖、相互作用的关系，开始提倡人与自然和谐相处的生态文化价值观。祁连山地区的生态文化中，生业经济是其发展的重要背景和影响因素之一。不同的生业模式造就了不同的生态文化。不同时期环境的演变影响着区域内古人类与大自然的关系。

第一节　史前时期——崇拜自然

目前，祁连山地区发现的最早的旧石器时代人类活动遗迹可追溯到距今 12 万年前末次间冰期的奖俊埠 01 遗址（Chen 等，2021），该遗址位于祁连山东段的边缘区甘肃永登庄浪河附近。该遗址的古土壤层中出土了数量可观的石制品、动物骨骼和炭屑。20 世纪 80 年代对柴达木盆地的考古发掘发现了位于祁连山西段与柴达木盆地接壤的边缘区的冷湖与小柴旦遗址，在冷湖遗址上，考古学家发现了以勒瓦娄哇技术为主的石器类型（Bratingham，2007），在小柴旦湖东南岸，则出土了大量石制工具（黄慰文等，1987）。这两处遗址表明，早在距今约 3 万年前的旧石器时代晚期，青海的先民已在青海这片广袤的土地上繁衍生息。那个时期的气候比现在更加温暖湿润，青藏高原的草原生态环境要优于今天。当时古人类的生活依赖于周围的自然资源，主要通过野生动物的狩猎活动，采集野果、根茎、坚果等食物满足自身的生存需求，并且逐渐形成了对自然环境的深刻理解，展现出与自然密切互动的生存模式。两处遗址发现大量的石器证明了该时期人类在此地进行着广泛的狩猎活动，表明他们对周围环境有着深刻的理解，并能有效利用资源。

在这一时期,采集技能的不断提高成为人类生存和繁衍的关键因素。古人类通过观察和体验,掌握了辨别食物的可食性、采摘的时机以及使用适当的工具等技巧。例如,他们需要准确判断季节变化以及植物和动物的生长、繁殖周期,这样才能在适当的时机收获或捕捉食物。为了更有效地获取资源,古人类还学会了使用各类工具,主要为各类的石制工具。通过这些技能的积累,古人类与大自然之间的关系变得愈加紧密,且这种生存方式强调对自然的顺应与尊重,体现出人类对自然的敬畏和依赖。

进入末次冰消期,区域内的人类活动显著减少。据已知研究,目前在祁连山地区,并未发现末次冰盛期人类活动的遗迹。在这一时期,寒冷的气候和冰川的扩展使得该地区的生态环境变得更加严酷,生存资源极为匮乏,导致人类在这一时期的活动受到了极大的限制。约距今15000年前,随着末次冰消期的到来,气候开始回暖,青藏高原的气温逐渐上升,植被开始复苏,生物多样性开始回升,而这也在花粉浓度变化的研究中得到了证实。如青海湖、祁连山黄藏寺剖面的花粉浓度明显升高(Wei 等,2020;张全等,2022)。较为良好的植被生长环境与气候条件为古人类的生活提供了更加丰富的资源(张东菊等,2016)。

随着全新世早期的到来,青海湖区域的气候变得更加温暖湿润,季风作用迅速加强,降水量增多,气温回升,为古人类的生活提供了有利的环境。考古证据显示,从末次冰消期至全新世早期,人类的活动逐渐恢复并开始增加。这一时期的考古遗址,诸如青海湖盆地的151下文化层(王建等,2020)、铜线3号遗址、江西沟1号遗址、江西沟2号遗址以及黑马河1号遗址均出土了大量的石器,说明狩猎和采集是当时主要的生业经济(高星等,2008;仪明洁等,2011)。这些石器多为打制石器,其石料来源多为周边河滩或山地,也有一些远距离的石料交流,但是并未发现大规模的石料开采活动遗址。这一时期人类活动对自然环境的影响也较为薄弱,目前没有明显改造自然的证据。

大约在6000—7000年前后,以粟黍为主的农业生产经济在黄河中游地区逐步发展起来,这一变化促使人类对狩猎采集的依赖逐渐降低,开始转向以农业为主的生业模式(董广辉,2016)。特别是在仰韶文化中晚期,随着农业生产技术的逐渐成熟，仰韶文化的陶器制作技术和农业文明开始进一步向西扩展，在距今5200年左右，马家窑文化传入青藏高原东北缘的河湟谷地，该地区水热条件相对充足，且海拔较低，较适合农业的发展（Chen 等，2015）。青藏高原东北部及祁连山周边区域也正式进入新石器时代，开创了区域内马家窑文化的先河。随着这一时期生产力水平的提高，人口开始逐渐增加，农业垦殖的面积也大幅扩展。湟水河、大通河流域及黄河上游谷地的遗址数量和耕地面积在距今4300年左右达到新石器时代的峰值。同时，随着农业文明的发展带来了精湛的陶器技术，河湟谷地柳湾墓地出土了这一时期大量的陶器（图5-1）。陶器色彩鲜艳，纹饰多样，表达了这一时期先民的精神信仰。这一时期祁连山地区由于其特殊的地理地貌，处于新旧石器的更替阶段即中石器时代，区域内依然以狩猎采集为主。

图 5-1　柳湾墓地出土的彩陶

第五章　祁连山地区生态文化变迁

距今约4000年，随着东西欧亚文化的交流，耐寒的麦类作物与羊开始传入青藏高原。在祁连山周边低海拔的河谷区域发现多处齐家文化遗址，出土了相当数量的铜器、玉器等，这也意味着此区域开启了青铜时代的文明。齐家先民依然以粟黍种植为主，伴有狩猎、渔猎等，有些区域也开始出现了家畜的养殖。

随着生产技术和社会生产力的进一步发展，距今约3600年，出现了卡约文化，人类活动的范围逐渐扩展到青藏高原较高海拔地区，包括青海湖盆地、共和盆地以及祁连山南麓高山草原区域。这个时期，农业和游牧经济并行发展，其中麦类作物的种植和畜牧业逐渐成为主要的生业模式。卡约文化遗址的分布面积广泛，遗址数量也较多，尤其在祁连山南麓的高海拔地区得到了充分的体现。卡约文化的遗存反映出不同地区生业模式的差异：河湟谷地农业较为发达，而祁连山南麓和高寒山区则以牧业为主，青海湖沿岸则仍以渔猎为主。

在史前时期，生业经济的发展与生态文化紧密相关。在旧石器时代，古人类在采集和狩猎活动中对自然界有了更加细致的观察与认知。人类逐渐掌握了自然界的规律，如季节变化、动植物的迁徙与繁殖等，以便更好地利用自然资源。这一时期的生态文化反映了古人类对大自然的深深敬畏和对自然力量的依赖，体现了人类对自然界变化的顺应与适应。尽管这一时期的生产活动和生业模式较为原始，且区域内的人类活动遗迹数量有限，但可以看出，古人类对自然环境的影响微乎其微。这一点也揭示了人类在史前时期与自然的关系更多的是依赖与顺应，而非大规模的开发与利用。

在新石器时代，人类社会开始逐渐脱离完全依赖自然的状态，并逐步通过生产活动局部改变周围的环境。在这一转型过程中，尤其是在祁连山地区，生态文化的转变十分明显。从早期人类对自然界的敬畏，到后期对大自然力量的意识提升，逐步形成了较为复杂的自然崇拜体系。新石器时代的马家窑人群对自然的敬畏表现得尤为明显，尤其是在陶器纹饰上体现得淋漓尽致。马家窑文化、宗日文化、齐家文化以及卡约文化的彩陶上面，完整保留了古人类对大自然的认知与敬仰。马家窑文化中的旋涡纹，是最常见的陶器纹饰之一，这一图案无疑代表了水体和河流对古人类的重要性，

图 5-2 马家窑文化陶器上的旋涡纹

表现出古人类对大江大河的深深敬畏。与此同时，彩陶上的万字纹饰则传达了对宇宙万物循环不息、轮回交替的理解（图 5-3），这种图案在一定程度上象征了自然界的生生不息，也可以看作是对大自然的原始崇拜的体现（魏红友，2012）。宗日文化彩陶中的鸟是最为常见的纹饰，表现出宗日人群对鸟的崇拜（图 5-4）。

图 5-3 陶器上的万字纹符号

图 5-4　宗日文化彩陶上的鸟纹

在农业文明的早期，气候变化无疑是影响人类生存的关键因素。由于古人类对自然现象的认知局限，他们常常认为气象变化、四季交替以及生老病死等现象都是由超自然的神灵控制的。因此，他们对自然界充满了敬畏，并希望通过祭祀和仪式来获得神灵的庇护与恩赐。随着牧业的逐步发展，墓葬中出土的大量动物骨骼，尤其是羊、牛、马等家畜的骨骼，反映了畜牧业的显著发展。与此同时，彩陶上频繁出现的羊纹图案，岩画中出现了牦牛与鹿等动物图案（图 5-5），这些图案反映了人类对家畜以及各类动物的崇拜，也体现了对自然界生命力的深刻认同，形成了这一时期较为原始的自然崇拜生态文化价值观。

图 5-5　天峻卢森岩画中的鹿

回首祁连山地区史前时期的发展史，旧石器时代采集狩猎人群形成了依赖自然、顺从自然的生态文化。在这一时期，人类主要依靠捕猎野生动物和采集野生植物果实维持生计。这种生产方式使得祁连山地区的生态系统处于相对平衡的状态，人类与自然之间形成了较为密切的互动关系。新石器时代，农业的发展改变了原始的自然地貌，在一定程度上改变了地表植被。但是，古人类依然秉持着对大自然的敬畏之心，相信大自然中有一种强大的神秘力量控制着世间的一切，进入青铜时代开始形成具象的动物个体崇拜。总体来说，史前时期的祁连山地区生态文化具有较为独有的特征。史前时期的生态文化为后来的生态文明发展奠定了基础，对祁连山地区的生态环境演变也产生了深远影响。

第二节　历史时期——改造自然

生态文化与人们的生活和经济活动密切相关。在历史时期，无论是以农业还是牧业为主的生业经济，人们对自然资源的利用都较为明显，并开始在一定程度上改造自然，影响地表自然景观。同时，人们也在日常的生活习俗中发展了一系列与农牧业密切相关的传统技术和知识，以适应当地的自然环境，这也使得人们日常的生活习俗与民间信仰深刻地塑造了区域的生态文化。

祁连山地区自古以来就是一片膏腴之地，拥有广袤的天然牧场、茂密的原始森林和肥沃的农田。同时，这里也是一个重要的政治战略要地和交通枢纽。因此，在历史的浪潮中，该地区经常处于战争之中，政权频繁更替，区域内的自然环境也因此受到了一定程度的影响。由此，历史时期祁连山地区的生态文化呈现出多种特征。

自汉代中央政权控制河西走廊后，为确保对该区域的控制，实施了屯田移民政策，大量开垦土地并修建水利工程。由于当时人们对区域环境的认识与保护意识较为薄弱，加之战争、开垦和木材资源的广泛利用，使得区域内出现了一定程度的环境问题（刘均霞，2013）。据《西羌传》记载，大约在战国初期，戎人无弋爰剑逃到河湟地区，带来了先进的农业技术，从此，河湟地区羌人的农业生产得到了显著发展。河湟地区的羌人多娶妻育子，人口迅速增长，社会大为兴盛。至西汉时期，霍去病围歼匈奴、打通河西走廊，赵充国出兵河湟地区，西汉王朝最终统一了整个祁连山地区，并在该地区设置了郡县。此后，区域内自然资源的开发与利用急剧增加。为了加强边疆控制，中央集权实施了移民戍边政策，因此，人口较为集中的祁连山北麓和湟水谷地的生态环境发生了较为明显的变化（张忠孝，1990）。

魏晋南北朝时期，吐谷浑部族在该地区崛起并获得发展。这一时期，区域内的农业开始衰退，牧业得到发展。吐谷浑部族以游牧经济为主，同时也涉及狩猎、手工业、农业和商业等多种经济形态，其中农业占比相对较小。游牧始终是吐谷浑部族最主要的经济形式。狩猎除满足人们的基本生活需求外，还具有娱乐和军事训练的功能（曹磊，2021）。该时期的生态文化不可避免地受到土著羌族和鲜卑族文化信仰以及生业经济结构的多重影响，既有原始的大自然崇拜和动物图腾，同时，又在一定程度上受生业模式的驱使而改造自然。

隋唐时期，吐蕃与吐谷浑、吐蕃与唐朝之间的战争较为频繁，导致区域内的草原与森林遭到一定程度的破坏。吐蕃统治此区域后，吐蕃信仰文化中的生态习俗得到了推广。例如，在水源区域不得进行污浊之事（如洗手、洗衣物、排便等行为）；在一些具体山水河湖区不能进行树木的砍伐与狩猎活动。

因此，在历史时期，祁连山大部分地区依然森林郁郁葱葱，松柏相间，草原广袤。到明末清初，祁连山依然绿意盎然，松林与雪山交相辉映（刘兴聪，1992）。祁连山地区最为明显的环境破坏与毁林现象出现在清朝初期。史料记载，清雍正元年（公元1723年），年羹尧为清剿藏匿于祁连山密林中的罗卜藏丹津叛乱军，放火烧山，森林受到一定程度的影响。

总体而言，历史时期的祁连山地区多为牧业区，是一个多民族聚集的区域，人口的急剧增长对该地区的生态文化与生态环境产生了深远影响。汉代至魏晋南北朝时期，区域内多种文化元素并存，各种文化的交流与交融较为明显，形成了基于本土信仰的生态伦理观及一系列的生态习俗。隋唐至明清时期，随着移民戍边政策的实施，区域内再次出现了多民族文化

的交融,这使得该区域的生态文化更加丰富多样,同时,生业经济与一些战争事件也在一定程度上改造着自然环境。

第三节 近现代——自然索取向和谐生态观的转变

随着近代社会经济的发展,农业文明向工业文明过渡的时期,人类对自然资源的索取有些肆意妄为,出现了一种处处以人类为中心的自然生态文化价值观。在以人类为中心的生态观支配下,人们主张人是宇宙的中心、处于自然界的中心位置,人是一切事物发展的尺度,世界万物都是人类的资源,人类位于世界万物构成的金字塔顶端。在这种文化价值的误导下,人类开始极大限度地利用和挥霍地球上有限的自然资源,以促进各种经济活动的发展,满足人类永无止境的欲望。这也为历史上影响最深刻的环境八大公害埋下了伏笔。这一时期,人类对自然的敬畏与顺从荡然无存,尽管相当程度上促进了经济的发展,但不可否认的是,也对自然环境造成了较为明显的破坏。

民国时期,祁连山南麓的农业生产规模较清代有了较大的发展。随着人口增加和畜牧业的扩张,生态环境和自然资源受到了严重干扰。据史料记载,国民政府驻甘青部队因建材需求,对祁连山地区森林资源进行了连续几年的大范围砍伐,使几千亩林地变为永久性的荒山秃岭。新中国成立初期,随着社会的发展,基础建设的需求加强了区域内森林的砍伐、农田的开垦,导致草原面积急剧缩减。1958—1959 年,仅两年的时间,祁连山森林总蓄积量下降了 53 m^3,约 25%(丁文广等,2018)。垦种地域由川水地带发展到浅脑山地带,至 1949 年门源解放时全县耕地面积已达 28 万亩,其中粮食播种面积为 15.5 万亩,逐渐形成了以牧业为主、半农半牧,或以农业为主、农牧结合的模式。农业的开发和畜牧扩张使祁连山地区持续遭受环境破坏与森林砍伐。随着区域内原始森林大面积萎缩,草原退化,野生动植物生存环境被破坏,生物多样性急剧减少。区域内环境问题层出不穷,过度放牧导致草原退化,乱垦乱伐导致草原沙漠化,气候变化与人类活动干扰导致冰川退缩，矿产资源的滥采导致水土流失等一系列环境问题，进一步加剧了生态危机。

如今，环境八大公害重重敲响了人类沉睡已久的生态警钟，让人们意识到环境破坏对人类的反噬。中国北方地区不断出现沙尘暴，草地资源退化，包括沙漠化、黑土滩的扩展、水土流失、泥石流、洪水增多等问题，让人们开始明白人与自然和谐共生的必要性。20世纪80年代，中央政府将祁连山森林划定为水源涵养林，并决定停止采伐森林，使祁连山的森林资源得到了休养生息的机会。然而，由于祁连山地域辽阔、自然条件严酷，虽然整体生态环境有所好转，但局部地区仍然存在恶化的趋势。

为了保护和治理祁连山的生态环境，青海省全面启动对祁连山南麓的生态环境保护与综合治理措施。党的十八大正式提出生态文明建设，将生态文明建设纳入"五位一体"总体布局和"四个全面"战略布局，明确指出"绿水青山就是金山银山"，将可持续发展和绿色低碳作为未来经济发展的重要方向。生态文明已成为治国理政的重要战略，推动深化生态文明体制改革，坚定贯彻绿色发展理念，协调经济发展与生态保护。

近十年是我国生态文明建设力度最大、举措最实、推进最快、成效最好的时期。通过地方政府自上而下的环境保护宣传与教育，以及不断挖掘与发扬当地民族文化中的生态理念，人们逐渐意识到生态系统的重要性，开始重视生态保护和修复被破坏的自然环境。随着现代科学的发展和环境问题的日益凸显，人们逐渐意识到自然资源的有限性和高原生态系统的脆弱性，确立了科学的生态文化价值观，形成了保护生态环境的意识。

与此同时，祁连山地区开始着力构建生态文明城市，通过优化城市规划、提升建筑环保水平、加强污染治理等一系列措施，改善城市环境质量，提高人们的生活品质；利用现代科技手段，推动节能减排、资源循环利用等，实现城市与自然的和谐共生。

现今，祁连山地区的经济发展逐渐从传统的资源开发转向生态产业发展。人们通过发展绿色农业、生态旅游、生态畜牧业等方式，实现了生态环境与经济的双赢。这种转变不仅推动了经济的可持续发展，同时也保护

了生态环境，提高了人们的生活质量。现代祁连山地区注重生态文化的传承与教育，学校、社区和媒体等社会组织积极开展生态教育活动，宣传生态文明理念，提醒并引导人们关注环境问题，培养公民的环境意识和责任感。通过这些教育措施，人们的生态文化素养逐渐提升，环境保护的观念深入人心，最终践行了环境可持续发展的理念，形成了人与自然和谐相处的美好画面。

综上所述，近代至现代的祁连山地区生态文化经历了跨越式发展，主要体现在生态文化观念的转变、生态经济的发展、生态教育的推广和生态城市的建设等方面。这些变化与科技进步、经济发展、教育宣传等因素密切相关，对祁连山地区的环境保护和可持续发展具有重要意义。

第四节 祁连山地区生态文化的演变特征

一、朴素的自然崇拜向科学的自然认知发展

在旧石器时代，祁连山地区的古人类主要依赖自然资源来维持生计。此时期的人类生活方式与自然环境密切相关，整体上依赖于自然资源，人与自然的关系表现为顺应自然、依赖自然。新石器时代至青铜时代，人类对自然的敬畏逐渐转化为对自然界某一事物或物种的崇拜。在史前人类的认知中，自然界被视为拥有一种无形的力量，主宰着世间万物。

进入历史时期，祁连山地区的生业模式转向农业与畜牧业共存。这一转变标志着人类与自然关系的进一步变化，尤其是农业和牧业的发展要求对自然环境进行了一定程度的改造。社会生产技术的提升，也促使人类逐步正确认识自然环境。

到了近现代，随着生产方式的改变，祁连山地区的人类对自然资源的利用进一步加深。同时，随着科学技术的进步与发展，人类对生态环境与自然资源的认知发生了重要的转变。在工业革命时期，以经济为中心的社会文化观促使人类盲目索取自然资源，导致对自然资源的过度开发及随之而来的生态危机。随着生态环境问题的逐步显现，人类社会对生态环境的认知也得到了进一步的深化。人们逐渐认识到生态环境与人类社会的密切

关系，并开始从政府层面加强生态环境的保护，普及生态环境知识，这也推动人们形成了较为科学的自然生态环境的认知结构。

二、个体崇拜向生物多样性保护的转型

从旧石器时代的自然崇拜，到新石器时代农业的发展，再到青铜时代畜牧业的兴起，史前人类的生态文化经历了从朴素的敬畏自然到对特定野生动物或是家畜崇拜的转型。在历史时期，动物图腾或动物个体崇拜，以及对特定的某一山体或水体的敬畏占主导地位。例如，在阿咪东索山上，狩猎和砍伐等行为被严格禁止。

进入近现代，随着生态文明建设的推进，特别是从党中央到基层环境保护意识的加强，祁连山地区的生态文化观逐渐转向生物多样性的保护与发展（图5-6）。与此同时，藏族传统的草原生态文化强调众生平等，众生就是一切有情识的生命形态（汪玺和孙吉雄，2013），这种万物平等的生态观进一步促进了该地区生物多样性保护工作的实施。

图 5-6　青海湖流域丰美的草原

三、自然资源的盲目索取向可持续发展转变

进入近现代社会，随着现代农牧业的发展与人口的增长，祁连山地区的人类活动对自然资源的需求大幅增加。这一时期的生态文化体现出对自然资源的过度开发及随之而来的生态危机，如草原沙漠化、水土流失、冰川退缩等环境问题逐渐显现。这些问题不仅影响了当地的自然环境，也给人类的生存与发展带来了巨大压力，人类逐渐认识到生态保护的重要性。这一时期，随着不同文化的交融，祁连山地区的生态文化逐渐变得更加丰富与多样。在这一过程中，人与自然的关系从原先的一度开发与利用自然的以人类为中心的生态观，开始逐渐形成人与自然同生共存的生态伦理观。

同时，国家和地方政府逐步推动生态文明建设，并提出"绿水青山就是金山银山"的理念，通过政策、法律等手段加强生态环境的保护。这一转型不仅意味着人类对生态环境的逐步重视，也反映了人类文化从单纯的资源开采向环境保护和可持续发展方向转变。随着地方政府环境保护宣传的加强及现代科技的支持，祁连山地区的居民逐渐认识到生态保护的重要性，现代生态文化在当地逐步形成。

祁连山地区的生态文化经历了从依赖自然的原始文化，到人类逐步改造自然并形成生态伦理观，再到现代生态保护与可持续发展文化的转型。每一阶段的生态文化特征都体现了人类与自然之间复杂而深刻的互动关系。从早期的依赖与敬畏，到历史时期的改造与利用，再到近现代的反思与恢复，祁连山地区的生态文化逐步演变，展现了人类文明在面对环境挑战时的适应与创新。

第五节 祁连山地区生态文化演变的影响因素

祁连山地区地势复杂，地形起伏显著，形成了多样的地域类型。这种地貌特征为祁连山地区的生态环境带来了显著的空间差异，使得区域内生态环境呈现出分散且多样的特点。多样的地理条件不仅丰富了祁连山地区生态文化发展的基础，也为该区域的生态文化多样性提供了更多的生存空间。祁连山地区生态文化的演变，主要受到气候环境变化、自然条件、生

业经济发展以及社会进步等多方面因素的影响。

（一）气候变化

气候变化是祁连山地区生态环境演变的核心因素之一。祁连山地区经历了多次气候波动，涵盖了冰期和间冰期的交替过程。冰期的寒冷和干旱气候导致了植被的减少、动植物资源的匮乏以及生态系统的退化；而在间冰期，随着气候转暖湿润，植被逐步恢复，动植物资源丰富，生态系统也逐渐重建并得以发展。在历史时期，气候波动频繁且显著，人类生存方式与气候环境的变化密不可分。史前时期人们对自然的敬畏和信仰，如对风、雨、雷、电等自然现象的崇拜，以及对动物图腾的信仰，深受气候与环境变化的影响，这种对自然力量的崇拜和尊重无形中塑造了祁连山地区生态文化的核心。

（二）特殊的自然条件

特殊的自然条件也对祁连山地区的生态文化产生了深远影响。作为高寒山地，祁连山区气候寒冷，且降水量较少，这种独特的自然环境影响了当地居民的生产生活方式，使其逐渐形成与环境相适应的生态文化。人们发展出适宜的农耕模式，因地制宜地选择耐寒、抗旱的作物，并采取有效的防风、防寒措施，以维持农业生产的稳定性。选择在高海拔区域进行游牧、休牧等方式，以维持草原的生产力（图5-7）。同时，当地居民注重

图 5-7 高原的游牧生活

资源的可持续利用，避免过度开发和破坏，形成了具有生态智慧的文化观念。这些环境对生态文化的影响，支持了当地居民在资源有限的自然条件下实现可持续生存和发展的目标。

（三）生业经济模式

不同的生业经济模式也塑造了祁连山地区的多元生态文化。史前旧石器时代的狩猎采集经济，以及后来的农耕经济和游牧经济等生业模式各具特征，对自然的依赖程度不同，形成了不同的文化观念。狩猎采集时期的人们完全依赖自然资源，崇尚万物有灵的自然信仰。农耕文化则需要稳定的气候条件和足够的劳动力，这使得农耕文化中往往包含对自然和生育的崇拜，而游牧文化因其迁徙生活方式，对自然环境和野生动物的崇拜尤为深厚。祁连山地区的哈龙、莫合口、舍卜齐等地的岩画上分布着大量野牦牛、鹿的图案，展示了当地游牧文化对野生动物的崇拜；青达玛的岩画则反映了生殖崇拜的文化习俗。同时，高海拔地区恶劣的气候条件也促使人们对太阳等产生崇敬，这些信仰逐渐融入当地的民歌和神话传说之中。可以说，不同生业模式与生态文化在一定程度上推动了祁连山地区的生态格局和环境演变。

（四）社会的发展程度

社会的发展程度也对祁连山地区的生态文化造成了显著的影响。过去，由于追求经济利益，祁连山地区曾出现大规模的森林采伐、草地开垦、矿产开采等活动，导致生态系统失衡，珍稀动植物濒临灭绝。尽管科技进步提高了生产效率，但工业化的迅猛发展带来了严重的环境污染，包括空气污染、水污染以及土壤污染等问题。同时，消费水平和消费模式的变化也导致资源的浪费和环境的破坏，给生态系统造成了巨大压力。

然而，随着社会发展和环保意识的增强，人们对生态环境的重要性有了更深刻的认识，绿色环保的理念逐步普及。人们开始推广可持续发展的绿色经济模式，大力发展环保产业，促进节能减排，并制定了一系列保护和恢复生态环境的政策法规。这一系列举措使得祁连山地区逐渐形成了人与自然和谐共生的生态文化。

在祁连山地区生态文化的发展历程中，生态文化与气候环境、生业经济、社会进步之间形成了密切的互动关系。祁连山独特的生态文化不仅受自然环境和社会发展的影响，还对气候环境和社会发展产生了深远的反馈作用。祁连山地区的居民通过其独特的生态文化习俗和价值观，逐渐形成了尊重自然、保护环境的态度。例如，实行轮牧、禁牧，减少对草场和森林的干扰；提倡野生动植物的保护，发展生态农业和生态旅游等绿色产业，确保在保护环境的前提下实现经济的可持续发展。这些生态文化观念有效减少了资源的过度开发与环境破坏，有助于维持生态系统的稳定和完整。

总体而言，祁连山地区的生态文化与生态环境、生业经济、社会发展之间形成了相互作用的复杂关系。该区域多元的生业模式和独特的生态环境塑造了当地居民的生态智慧，为实现可持续发展提供了强有力的支持。同时，这一地区独特的生态文化也使得区域生态环境得以保持相对稳定的状态。

第六章

祁连山地区生态文化

第一节 祁连山地区生态文化资源概况

祁连山地区是"一带一路"经济圈的重要组成部分,深受河西走廊文化和青藏高原文化的影响,使得其独特且富饶的自然与人文资源彼此交相辉映,故也拥有着丰富的生态文化资源。本章主要围绕传统生态文化资源和新兴生态文化资源两大类展开阐述,其中传统生态文化资源可分为物质文化遗产和非物质文化遗产。本书中对物质文化遗产的调查主要包括古遗址、古建筑、古墓葬、石窟寺及石刻、近现代重要史迹及代表性建筑、名山胜水6大类;非物质文化遗产的调查主要围绕传统技艺,传统美术,传统戏剧,传统舞蹈,传统音乐,传统医药,传统体育、游艺与杂技,民间文学,民俗9大类。

一、传统生态文化

(一)物质文化遗产

祁连山地区分布的物质文化遗产类型丰富,涵盖古遗址、古建筑、古墓葬等6种主要类型,共计1855处,分布于海东市、西宁市、海北藏族自治州、海南藏族自治州及海西蒙古族藏族自治州(表6-1,图6-1)。其中,古遗址有946处,是片区公园内数量最多、类型最为丰富的物质文化遗产；古建筑其次，有508处；古墓葬191处；近现代重要史迹及代表性建筑60处；石窟寺及石刻62处；其他类88处，还有4处名山胜水等资源。从物质文化遗产被列入的保护等级的数量来看，仅省级文物保护单位就有100处，国家级文物保护单位有11处，表明祁连山分布有诸多重要的物质文化资源。

表6-1 祁连山地区各地级市物质文化遗产数量分布表

地级市	数量
海东市	563
西宁市	871
海北藏族自治州	220
海南藏族自治州（共和县）	125
海西蒙古族藏族自治州	76

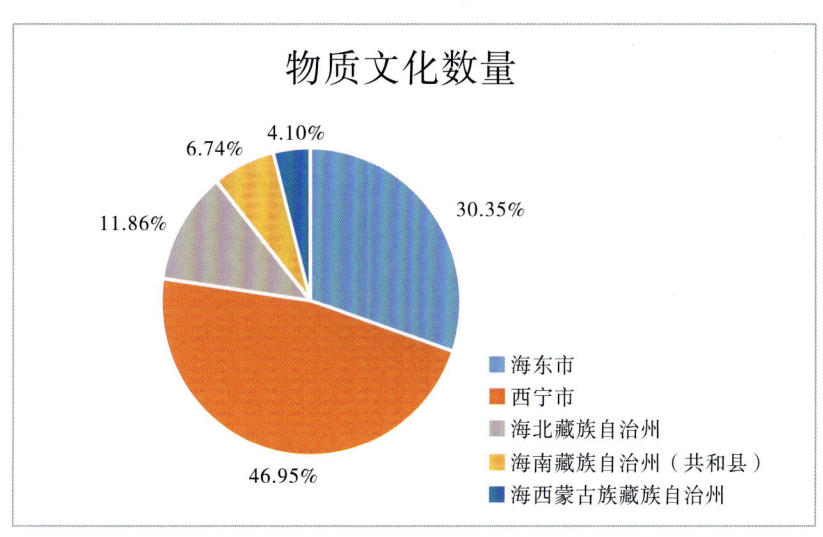

图6-1 祁连山地区物质文化遗产各地级市占比图

在空间格局上，按照总体数量和空间分布特征，可将祁连山青海地区大致划分为东、中、西三段区域，空间格局上呈现西段分散、中段呈带状分布、东段团聚分布的空间分布模式（图6-2）。从县域分布视角来看，调查发现大部分物质文化遗产坐落在西宁市内，共计871处，包括404

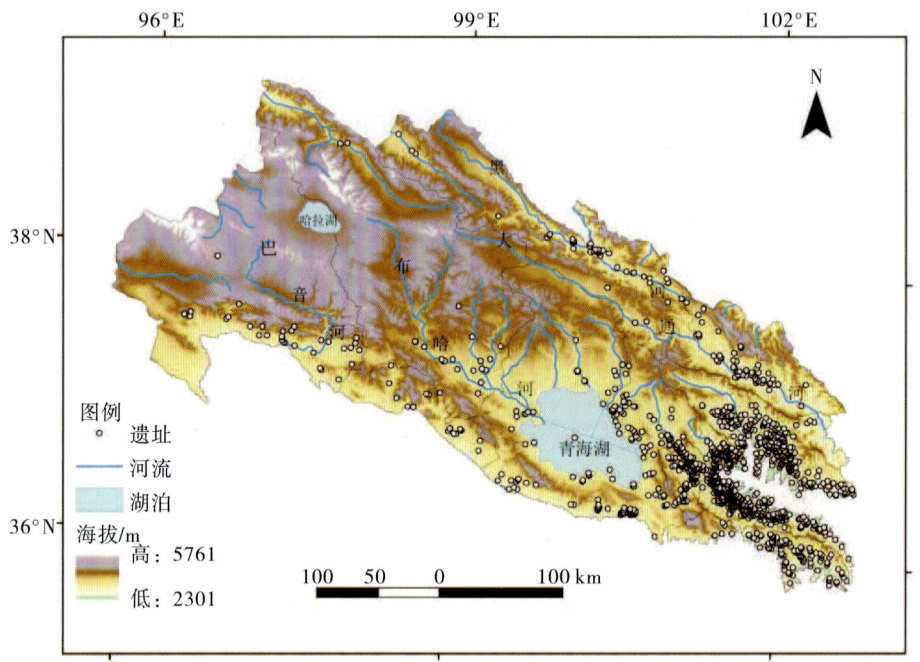

图 6-2 祁连山地区物质文化遗产分布图

处古遗址、287 处古建筑、72 处古墓葬、14 处近现代重要史迹及代表性建筑、37 处石窟寺与石刻、57 处其他类等;海东市物质文化遗产也较多,共计 563 处,包括 299 处古遗址、162 处古建筑、59 处古墓葬、14 处近现代重要史迹及代表性建筑、3 处石窟寺与石刻、26 处其他类等。

经调查,祁连山地区的物质文化遗产除 208 处因少有研究而年代待定外,其余多数均进行了年代考证(图 6-3)。古建筑方面,位于片区东段的古建筑主要建于清朝及民国年间,而中段区域则大部分为清代建筑,且还有部分为新发现的物质文化资源,共计 102 处。古墓葬最早可追溯至新石器时期;石窟寺及石刻方面,东部的岗龙沟石窟寺历史悠久,最早建成于南北朝时期,有石窟、石塔及佛像等,推测与当时佛教文化盛行有较大关联。古遗址在片区内有较多分布,中段地区的古遗址最早可追溯至旧石器时代晚期至新石器文化过渡时期,如距今 8000 年左右的黄藏寺古遗址是目前祁连山内发现的最早的人类活动遗存之一,此前仅在国家公园内发现有青铜时代遗址;这一发现使得国家公园内的人类活动历史大大推前,该发现对于丰富国家公园内的生态文化内涵与人文历史资源，研究国家公园内早期人类活动与适应，以及与周边地区史前人类活动交流与迁移具有重要意义。

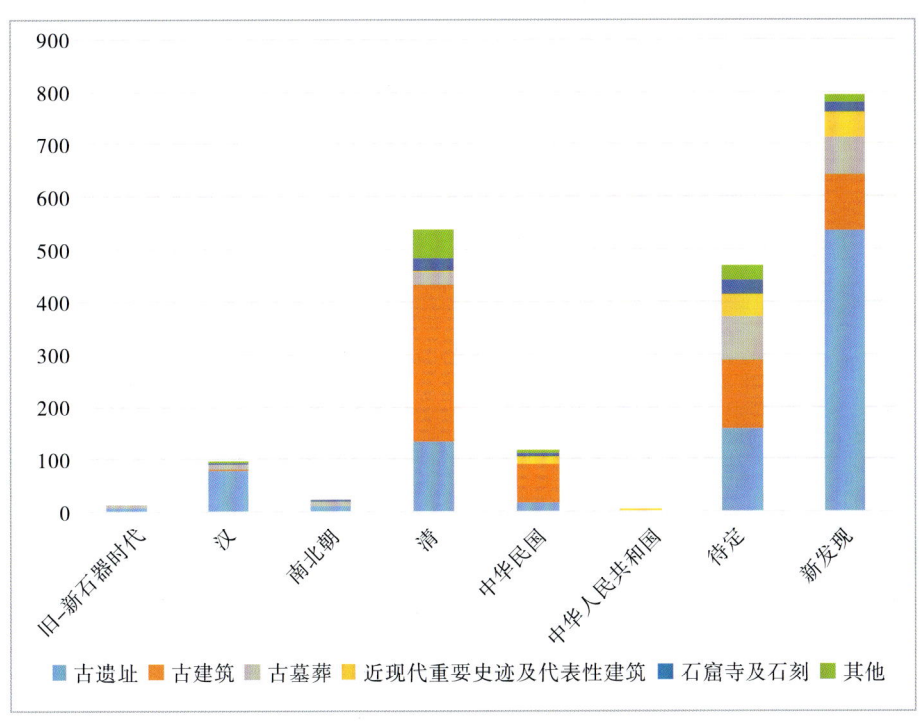

图6-3　祁连山地区物质文化遗产年代图

1. 古遗址类

古遗址是指古代人类各种活动留下的遗迹，既包括人类为不同用途所营建的建筑群体，以及范围更大的村寨、城堡、烽燧等各类建筑遗存；也包括人类利用和加工自然环境而遗留的一些场所。据调查及考证梳理发现，片区内的各类物质文化遗产中，以古遗址的数量最多，共计有946处（表6-2，图6-4）。不仅如此，古遗址中各小类也十分丰富，有城址、军事设施遗址、祭祀遗址、聚落址、驿站古道遗址、寺庙遗址、矿冶遗址和其他古遗址等8个小类。在空间分布上，片区内的古遗址多集中在片区内东段的湟中区、大通县、化隆回族自治县等县域。按其所在县域来看，湟中区坐落了220处遗址，数量最多；而最少的是乌兰县，仅有3处。

从古遗址的保护级别与保存状况来看，片区内有4处古遗址已被列为国家级文物保护单位，分别是尕海古城、门源古城、西海郡故城遗址和伏俟城遗址，皆为古代城址遗存；另有40处古遗址现为省级文物保护单位，分别为巴燕遗址、察汉城（白城子）、克图古城、群科加拉古城西遗址等，绝大部分为古城址，还有寺庙遗址、烽火台、古城堡等类型。

表6-2　祁连山地区古遗址数量分布表

地级市	数量
海东市	299
西宁市	404
海北藏族自治州	122
海南藏族自治州（共和县）	95
海西蒙古族藏族自治州	26

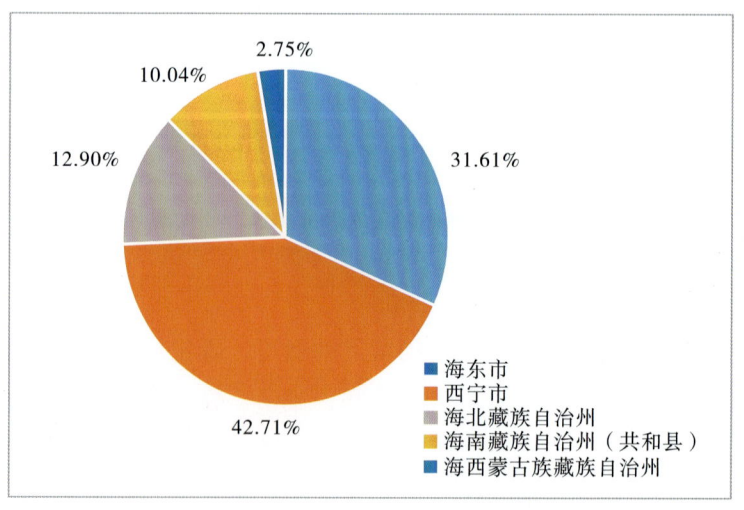

图6-4　祁连山地区各地级市古遗址占比

（1）西海郡故城遗址。西海郡故城俗称"三角城"，曾名"龙夷城"，距青海湖东北侧约30 km，位于海北藏族自治州海晏县三角城镇三角城村西南角的金银滩草原上，东北距湟水河500 m，西南为骆驼山，东南为海晏县城。地势南高北低，四面环山，该地区为凉温半湿润农牧气候区，年平均气温在 1.4 ℃左右，年平均降水量 277~499 mm，土质多为黄土夹杂少量黄色沙粒，遗址周边有少许耕地，主要植被有冰草、芨芨草、牧草、矮蒿草等，种植有高寒农作物、白杨树、黑刺、活柳等，野生动物有鼠、野兔、野鸡、麻雀、山雀等。附近居住着三角城村农户，以汉族、藏族、蒙古族杂居，居民以半农半牧为主要生产方式，当地种植的农作物有小麦、油菜籽、青稞、马铃薯等。

此城修建年代为汉代，为王莽所置西海郡城址（图6-5），以正北正南方向修建，占地面积约 30 万 m^2，东西长 650 m，南北宽 600 m，呈正方形。故城东、南、西、北墙体正中各开一门，门宽不等。墙体夯土筑，夯层 6~8 cm，现呈堆土斜坡状，保存一般。城内散布大量碎陶、瓦片，曾出土"五铢"钱范、"小泉直一"钱范以及东汉时期"西海安定元兴元年作当"陶文瓦当，更重要的是出土了"西海郡虎符石匮，始建国元年十月癸卯，工河南郭戎造"的铭文石刻。1988 年 1 月，西海郡故城被国务院公布为第三批全国重点文物保护单位。

该故城因地处高寒草原地区，杂草丛生，野生动物频繁活动，长年雨水冲刷，风沙吹蚀，所以墙体呈堆土斜坡状。当地存在挖埋电线、电缆等不合理的建设生产生活活动，加之年久失修，对遗址也造成一定损毁。

图 6-5　西海郡故城遗址

（2）门源古城。门源古城又称浩门古城，位于海北藏族自治州门源县浩门镇东大街东南角（图6-6）。城南沿高崖，北倚高梁，东西皆为深沟，居高临下。城北背依巍巍祁连山，城墙距浩门河北岸约500 m。古城内地势平坦，属于大陆性高原气候，年平均气温1.7 ℃，年平均降水量为437 mm，土壤为黑钙土，植被繁茂，主要以冰草为主，干旱是主要的自然灾害，野生动物有野鸡、猫头鹰等。古城周边都为民宅，附近居民以汉族为主，主要种植青稞、油菜、马铃薯等作物。

据《大通县志》记载：此城为宋神宗熙宁年间（公元1068—1071年）所筑。古城高出浩门河河床80 m，呈长方形，东西长369.5 m，南北宽333 m。东面马面4个，南北各3个，每个马面长10 m，底宽4.5 m，顶宽4 m，东面有明显的护城壕；现存的城墙高10 m，底宽24 m，顶宽2.5 m；东南角为大城门，门宽13 m；城墙东北角缺口8.2 m，西北角缺口8.6 m，城墙夯筑，夯土层0.1 m。城内曾有东西南丁字形3条大街，巷道分布。城门又隔河相对照壁山，北郭外，南北设9条街道。这种设施与宋青唐城、元贵德城的布局较为相似。

图6-6　门源古城

浩门古城常年受风雨侵蚀、植被生长等自然因素影响，对古城有一定的破坏。加之周围人口聚集，居民日常的生产生活活动等人为因素也对古城造成了很大的破坏。2013年3月，门源古城被国务院公布为第七批全国重点文物保护单位。

（3）十八公里处古三角城。该古城地处海北藏族自治州祁连县峨堡镇黄草沟村村东，距峨堡镇峨堡村18 km，海拔为3239 m，北面是缓坡高山，公路南侧50 m处是八宝河，周边均为草场。该地属高原寒温半干旱气候区，大雪是主要的自然灾害。草场类型以山地草原类草场、高寒草甸类草场为主，土壤为粒状结构，野生动物有野兔、旱獭、高原鼢鼠，年平均降水量404 mm，年平均气温为-2.6 ℃。

古城西北角约100 m处有一户居民。18 km处古三角城遗址形状为梯形，东西长210 m，南北宽120 m，残墙高5 m，夯筑，夯土层0.1~0.12 m，城墙墙体顶宽1 m，底宽7~9 m。城东侧墙体正中位置有城门，城门东侧有瓮城一座，瓮城门向南，形状呈三角形，面积约为4500 m²。瓮城仅能辨其轮廓，城西面有6个马面、北面有3个马面、东面有7个马面（包括瓮城马面），南面马面不清晰，因修峨祁公路被破坏，东北和西北面城墙下挖有战壕，引山涧溪水环绕成护城河。其南面城墙外有一洞，深约5 m，高1.6 m，城南侧墙体由于修建峨祁公路遭到破坏。

（4）黄藏寺村细石器遗址。2021年8月中下旬，调查队在海拔约2600 m的海北藏族自治州祁连县黄藏寺一带发现了地层剖面中含有细石器制品（图6-7），其原料材质细腻、透明、岩性比较脆且硬度比较高，"细石器"虽小，但在当时落后的生产力条件下，它们可是人类手中的复合工具，用途广泛。古人类可以在一个骨头或者木头上面刻上槽，把细石器镶嵌在槽里，镶嵌满便成一个匕首，或成一个刀子，或成一个箭头，或成一个长矛，就成为一个锋利的工具。使用这个锋利的工具就可以去捕杀动物，用来日常猎食。

青藏高原是全球外力侵蚀最为强烈的地区，强烈的风力、流水与冻融侵蚀等使得早期人类活动遗存直接暴露于地表，缺乏地层堆积，因此高原上具有地层的细石器遗存弥足珍贵，其研究意义重大（图6-7）。

图 6-7　黄藏寺发掘现场及其周围环境

研究人员在青海师范大学青海省自然地理与环境过程重点实验室第四纪年代释光测试分室，对细石器制品所在的沉积层风成沉积物进行释光年代测试分析，该测试方法是近些年来较为成熟、应用较为广泛的一种年代测试方法。释光年代测试分析结果表明黄藏寺细石器制品沉积层位年代约为距今 8000 年，这也意味着早在距今 8000 年前，现处于祁连山国家公园候选区内的祁连山腹地已经有史前人类活动，且为主要使用细石器工具进行生产活动的狩猎采集者，这也证明了早在距今 8000 年前，细石器狩猎采集者已经在祁连山腹地开展狩猎采集活动。

可以肯定的是，此次发现为目前祁连山国家公园内发现的最早的人类活动遗存，此前仅在国家公园内发现有青铜时代遗址，所以这次细石器遗存的发现将国家公园内人类活动历史提前至新石器时代、旧石器时代过渡阶段，使得国家公园内的人类活动历史大大推前。此外，该发现对于丰富国家公园内的生态文化内涵与人文历史资源，研究国家公园内早期人类活动与适应，以及与周边地区史前人类活动交流与迁移具有重要意义。

2. 古建筑类

古建筑既包括人类为不同用途所营建的建筑群体，以及范围更大的村寨、城堡、烽燧等各类建筑残迹，也包括人类利用和加工自然环境而遗留的一些场所。

祁连山青海地区内的古建筑遗址共有 508 处（表 6-3），主要分布于区域内的东部地区，其中以西宁市最多，共计 287 处（图 6-8）。其中又以湟中区最多，达 234 处。其次为海东市，有 162 处，并大量集中于平安区和乐都区，其余地区仅有零星分布。区域内国家级的古建筑共计 5 处，分别是夏琼寺、佑宁寺、塔尔寺、洪水泉清真寺和却藏寺。片区内省级的古建筑共计 38 处，其中海东市分布最多，有 15 处，如索卜滩寺、乙什扎寺、五峰寺等。古建筑类型以寺庙为主，其他类型如民居、塔等亦有分布。

表 6-3 祁连山地区各地级市古建筑数量分布表

地级市	数量
海东市	162
西宁市	287
海北藏族自治州	38
海南藏族自治州（共和县）	12
海西蒙古族藏族自治州	9

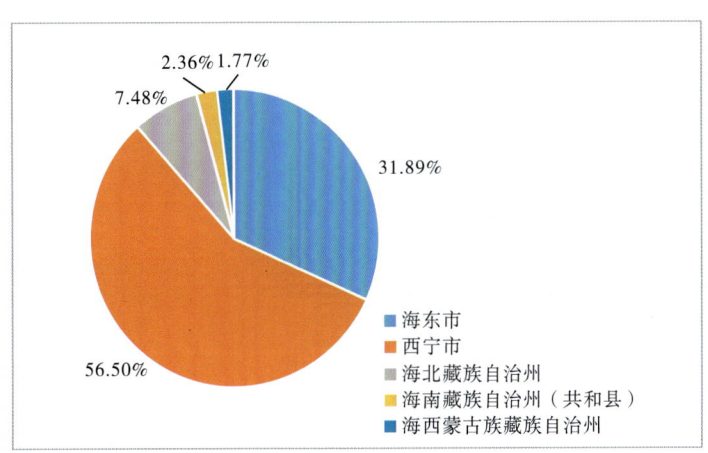

图 6-8 祁连山地区各地级市古建筑占比

（1）佑宁寺。佑宁寺地处海东市互助县五十镇寺滩村的郭隆沟，属藏传佛教格鲁派寺院，简称"郭隆寺"（图 6-9）。始建于明万历三十二年（公元 1604 年），清雍正帝于雍正元年（公元 1723 年）赐名为佑宁寺。该寺院位于脑山和浅山地区，海拔高，气候较凉，无霜期短且多雨雪和霜冻；年平均气温2 ℃~3 ℃，年降水量为550 mm左右。寺院位于郭隆沟中，四面环山，古柏参天，峰峦峥嵘，东至天门寺后山顶，西至护法殿后山小路，北至后山峨堡，南至互助县五十镇初级中学田间。当地居民主要以土族为主，种植有蚕豆、小麦、油菜、马铃薯等农作物，养殖有马、牛、羊、猪、鸡等家畜。

该寺院规模不大，建筑散布在龙王山的南麓。大经堂、显宗扎仓和密宗扎仓建在山下，其他佛殿建在山上，由大小经堂、显宗学院、密咒院、弥勒殿、土地神殿、护法神殿、观音殿及五大活佛府邸、僧舍等组成，依山势布局，错落有致，融汉、藏建筑艺术为一体。由于附属寺众多（辖49座寺院），故被誉为"湟北诸寺之母"。近些年由于昼夜温差较大，冻土层较厚，尤其是寺址内地基土为压实填土，冻胀性弱，基础存在不同程度的下沉错位，柳家囊、李家囊、护法殿、小经堂、章家囊等主要建筑，都不同程度地存在墙体裂缝、构件错位、歪闪，但经维修后，寺院整体保存状态较好。

图6-9　佑宁寺（侯志瑞　摄）

（2）却藏寺。却藏寺位于海东市互助县南门峡镇却藏滩，坐北朝南，依山而建，始建于清顺治四年（1647年），取名却藏寺。寺院所在地南门峡镇属脑山地区，海拔高，气候凉，无霜期短且多雨雪和霜冻；年平均气温2 ℃~3 ℃，年降水量为600 mm。寺院地势平坦，三面环山，东似凤凰展翅，西似盘龙绕卧，北靠龙首，呈龙凤朝阳之状，横卧在前的青狮山、白象山似屏障，拱卫着佛地，气势巍峨壮观，山上松柏苍翠，环境肃穆幽静。野生动物有野鸡、野兔、山鸡、鼠等。当地汉、藏居民居多，主要从事农业生产，种植有青稞、小麦、油菜籽、马铃薯、蚕豆等作物，养殖有马、骡子、羊、牛、驴、鸡等家畜。

另外，整个寺院由众多的殿宇、经堂、佛塔、僧舍等组成，建筑规模极其宏伟，以千佛殿、九龙壁残体、却藏囊、章家囊最为出名。寺院东至凤凰山，北至柏树林区，西至龙山根部，南至九龙壁旧址以外延伸100 m处。平面呈梯形，东西长，南北短。目前该寺由于年久失修、长年受风雨侵蚀和病虫害致使保存状态一般。

（3）珠固寺。珠固寺（图6-10），位于海北藏族自治州门源县珠固乡珠固寺村，属大陆性高原气候，年平均气温1.7 ℃，年降水量为445 mm，土壤为灰褐土，以山地草甸类草场为主。珠固寺村是珠固乡的一个大村，四面大山环绕，森林茂密，全部为灌木林，森林覆盖率达40.32%，风景如画，气候暖和，冬冷夏凉，是夏季避暑的好去处，也是当地举办民俗活动的场所。村民多为藏民，以牧业为主，兼营农业，主要养殖白牦牛和山羊，种植小麦和油菜等。该寺坐北朝南，北面为大山，东西为民宅，寺院门前有一条水泥公路自东向西经过。始建于明崇祯十三年（公元1640年），重建于清雍正十年（公元1732年），藏语

图6-10　珠固寺（孔宪平 摄）

全称"朱固贡尕旦曲科林"，意为"朱固具喜法轮洲"，清顺治元年（公元1644年），由现大通广惠寺创建者赞布·瑞智嘉措主持修建，将原有静房扩建为珠固寺。现该寺坐北朝南，建筑物有大经堂、小经堂、茶坊等。寺院主体建筑全部用木质结构，雕刻精细，颜色鲜艳。

为保护好文物，该寺于1998年12月22日被青海省人民政府公布为省级文物保护单位。但长期的自然风化、雨水侵蚀等自然因素对建筑物造成了一定的破坏；群众在寺院内举行活动，投入资金少，维修力度小，也对建筑有不同程序的破坏。

（4）班固寺。班固寺（图6-11）位于海北藏族自治州门源县珠固乡麻当村西300 m处，浩门河南岸，四面环山，为大陆性高原气候，周围森林茂密，森林覆盖率达40.32%，年平均气温1.7 ℃，年降水量为455 mm，雪灾是主要的自然灾害。该寺初建于清顺治年间，对其创建者说法不一，当地口传被该寺原址在今互助县境内班家湾，后迁移到仙米岗隆口，清雍正二年（公元1724年）因罗卜藏丹津事件被清军烧毁，1958年拆除，1983年批准开放，新建小经堂3间，面积为48 m²，坐西向东，大门前村级硬化路南北向通过。寺院南北紧靠民宅，西靠麻当西山。信教群众来自互助及本乡，现有一位僧人看守。由于长年受自然风化、雨水侵蚀等自然影响，对建筑物有一定破坏，加之年久失修，牲口踩踏，已成危房。

图6-11　班固寺（孔宪平 摄）

3. 古墓葬类

古墓葬泛指古时人类采取一定方式对逝者进行埋葬的遗迹,包括墓坑、墓地、葬式、葬具、随葬器物等。研究墓葬形制的演变可以作为断代研究的直接依据,其发展变化也间接地反映了当时的生产力发展水平和人们的生活情况。祁连山青海地区内古墓葬共计191处(表6-4,图6-12),主要分布于片区的东南部,以西宁市最多,达72处,仅湟中区一区就有55处。海东市次之,有59处,其余州县均为零星分布。区域内无国家级古墓葬,省级古墓葬有6处,分别是扎西庄墓群、索拉台墓群、沙麻索墓地、大湾口墓地、尕山墓群、德州墓地。省级的6处古墓葬中有3处分布在海东市。

表6-4 祁连山地区各地级市古墓葬数量分布表

地级市	数量
海东市	59
西宁市	72
海北藏族自治州	24
海南藏族自治州(共和县)	15
海西蒙古族藏族自治州	21

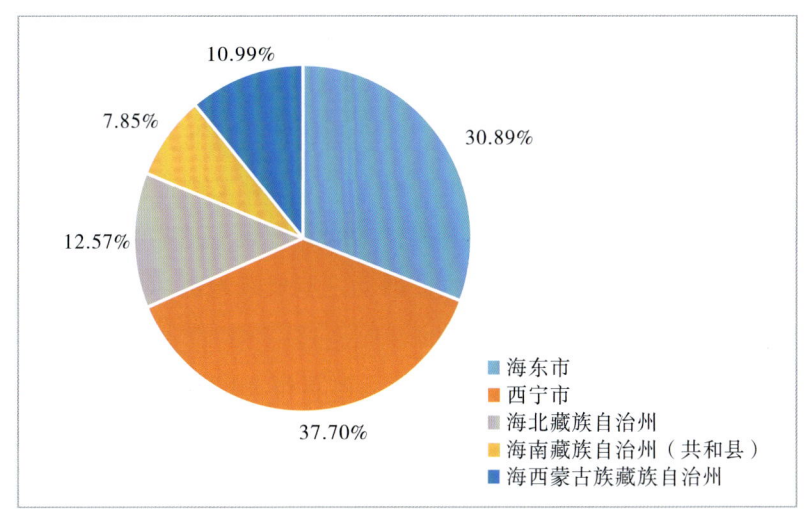

图6-12 祁连山地区各地级市古墓葬占比

（1）总寨墓群。总寨墓群地处海东市互助县塘川镇总寨村十社、十一社中心，属川水地区，气候较暖，年平均气温4 ℃~6.5 ℃，年降水量为300~400 mm，地质为黄黑土壤。墓群西2000 m处为南北向的塘川河，东为前坡，南为村庄，北为东山乡沙沟。墓群处主要植被有杨树、柳树、柠条、沙棘、垂穗披碱草、针茅、赖草、长叶火绒草；野生动物有野鸡、野兔、山鸡、鼠等。墓群被村庄覆盖，东西长150 m，南北宽100 m。目前区域内居民大多为汉族，大多数居住砖木结构平房，种植小麦、油菜、马铃薯、蚕豆等农作物，养殖有猪、鸡、羊、牛、狗等家畜。

青海省文物考古队于1979—1981年对该墓地进行了发掘，发掘出马厂类型墓葬6座，齐家文化墓葬10座，辛店文化墓葬1座，汉代墓葬数座。遗址整体面积较大，但墓葬排列不清，只在地面见有残墓砖，断崖处暴露有残砖室墓，出土了陶质的壶、罐、仓、井、灶和五铢钱等，属汉代遗址。由于在墓群上住有农户40余户，保存较差。

（2）大湾口墓地。大湾口墓地位于西宁市湟源县和平乡尕庄村，东南紧邻尕庄一社，墓地北为凤凰山，东60 m处是由南向北流淌的药水河。墓地所在的尕庄一社为高原大陆性气候，日照时间长、昼夜温差大，年平均气温3 ℃，年降水量约409 mm。墓地处植被有沙棘、沙柳、冰草、芨芨草等；野生动物有野鸡、野兔、田鼠、旱獭等；土质为高山草甸土、黑钙土、灰褐土等。当地居民种植的农作物主要有小麦、蚕豆、马铃薯、油菜等，农业和养殖业是该地居民的主要收入来源。

该遗址基本呈长方形，东西长80 m，南北宽60 m。遗址所在区域现已全部开垦为梯田，遗址中心分布在七台梯田内。遗址地表断面内采集到夹砂灰陶残片、骨锥等遗物。1985年第二次全国文物普查（二普）时曾在该地区采集到陶片、人骨、兽骨等，据此断定该墓地为卡约文化大华中庄类型。长年的风雨侵蚀和农业生产活动是造成墓地破坏严重且保存状态较差的重要原因。

（3）汪家庄墓群。汪家庄墓群位于海东市互助县塘川镇汪家庄村东800 m处的乱疙瘩上，属川水和浅山地区，气候较暖，雨水适中，无霜期长，有时多旱，年平均气温4℃~6.5℃，年降水量在300~400 mm左右，海拔为2304.9 m，土质为黄土。此地可发展经济作物和经济林木。墓群东

400 m处为羊羔山,西南100 m处为老沟,北临小沙沟,西距南北向的塘川河1200 m。植被有杨树、冰草、蒿草等。野生动物有野兔、野鸡、山鸡、鼠等。当地居民为汉族,主要从事农业生产,种植有小麦、油菜、蚕豆、豌豆、马铃薯、燕麦等农作物,养殖有牛、羊、猪、鸡、骡等家畜。

汪家庄墓群平面呈不规则形状,东西长200 m,南北宽170 m,地表为农田,散布有泥质灰陶片,属汉代墓地。目前该墓地有破坏现象,整体保存状态一般,未来还需加强对墓地的保护,提高村民的文物保护意识。

(4)红卫墓地。红卫墓地(图6-13)位于海北藏族自治州门源县东川镇却藏村中心的缓坡地带(墓地在魏秀兰家背面的山坡耕地上),墓群表层为耕地。墓地年代属于新石器时代(辛店文化)。墓群南为魏家村,西为克图河,北为魏家湾,西北与山相接。在《中国文物地图集》(青海分册)中记载为红卫墓群,第二次全国文物(二普)资料中记载为红卫墓地,第三次全国文物普查(三普)登记中沿用红卫墓地。

图6-13 红卫墓地(孔宪平 摄)

自然环境方面,墓地地处脑山(深山腹地)地带,属于大陆性高山气候,四季不分明,春夏冷凉多风,秋冬寒冷漫长,年平均气温在1.7℃,年降水量 437 mm，雪灾是主要的自然灾害。人文环境方面，却藏村是东川镇的一个行政村，红卫墓地便坐落在魏秀兰家房后山坡的耕地上，居民以藏族为主，产业以牧业为主，兼营农业，主要农作物为青稞和油菜，多养殖牦牛和山羊。墓地面积 4000 m²，长 80 m，宽 50 m。1974 年，在平整土地时出土了陶罐和人骨等。现分布在平整后的梯田耕地上，呈台阶式分布，该地块现被用于工农业生产，古墓地在表面无明显痕迹。因此，红卫墓地保存现状较差，长期受风雨侵蚀、自然风化的自然因素的影响，墓地受到破坏；当地群众在墓地周边生活和平整土地等生产生活活动与不合理利用土地，加之放任牲畜践踏等人为因素也对墓地造成了较为严重的破坏。

4. 近现代重要史迹及代表性建筑

中国近现代重要史迹及代表性建筑主要是指 1840 年以后建造的具有重大作用的建筑物和构筑物。中国在这个时期的建筑处于承上启下、中西交汇、新旧接替的过渡时期，这是中国建筑发展史上一个急剧变化的阶段。近现代建筑作为历史文化遗产的重要组成部分，近现代文物建筑的活化利用问题备受社会各界关注。据调查，祁连山青海地区近现代重要史迹及代表性建筑共有 60 处，分布总体较为分散，东南部相对集中，其中门源回族自治县数量最多，有 9 处；其次为大通回族自治县，有 7 处，其余区县均在 5 处及以下，较为稀疏（表 6-5，图 6-14）。区域内国家级近现代重要史迹及代表性建筑共有 2 处，分别为第一个核武器研制基地旧址、天佑德酒作坊，省级的有 10 处，包括和德生钢铁厂遗址、刚察大寺、嘎珠寺、大通城关文庙、科才寺等。

表 6-5 祁连山地区各地级市近现代重要史迹及代表性建筑数量分布表

地级市	数量
海东市	14
西宁市	14
海北藏族自治州	5
海南藏族自治州（共和县）	24
海西蒙古族藏族自治州	3

第六章　祁连山地区生态文化

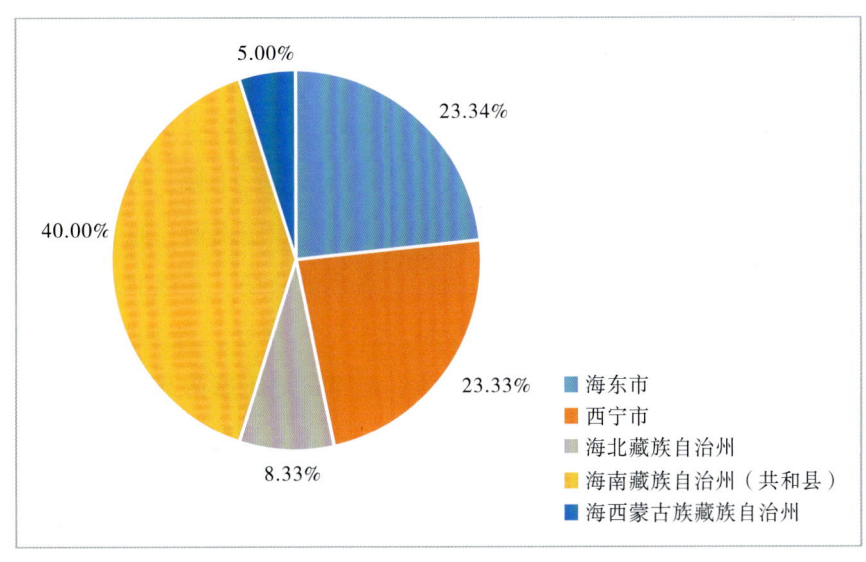

图 6-14　祁连山地区各地级市近现代重要史迹及代表性建筑占比

（1）第一个核武器研制基地旧址。中国第一个核武器研制基地旧址（图 6-15）又称国营 221 厂、青海矿区等，位于海北藏族自治州海晏县西海镇。该基地地处西北—东南走向的日月山和大通山之间，靠近日月山一侧，在青藏高原东部，地面平均海拔为 3120 m。基地横跨小滩、金滩和银滩三个河谷盆地。基地地形高差变化大，周围由相对较高的山脉所包围，形成了地形开阔、平坦的盆谷地貌。土质主要为高山草甸土，土层厚 55~180 cm。植被以天然牧草为主，个别地段有少量人工树种，优势种为矮嵩草、小嵩草、线叶嵩草、紫花针茅。基地地面水属湟水河系的中上游河段，其一级支流有麻匹寺河和哈勒景河。基地地处青藏高原东部的丘陵地带，深居中纬内陆，具有气温较低、降水少且季节变化大、蒸发强烈、日照长、辐射强、昼夜温差大等内陆高原半干旱型气候特点，还具有河谷盆地地形形成的局地气候特征。此处年平均气温 -0.3 ℃，年平均降水量 401 mm，年均风速为 2.9 m/s。该基地是一个汉、藏、蒙古等多民族聚居的地区，少数民族约占总人口的 50%，当地居民产业为牧业、商业并重。基地现为国家级爱国主义教育基地，优越的地理位置、独特的民俗风情、美丽的草原、秀美的山川构成了基地旧址独特的人文景观和自然景观，现在是全省重要的旅游景区之一。

核工业一度成为国际政治斗争、军事抗衡、贸易竞争、技术较量的敏感领域，为了推进我国核事业发展，我国于1958年12月，基地开工建设，1964年6月，基地全部完工。整个基地平面呈长方形分布，占地面积570 km²（建厂初期为1170 km²），主要建筑21处，分别是原221厂总指挥所、原221厂图书科技楼、原221厂红旗图书馆、原221厂文化宫、一分厂、二分厂、三分厂、四分厂、爆轰试验场、基地旧址纪念碑、33号将军楼、1~10号黄楼、原西宁驻221厂办事处。自1995年基地旧址全面移交海北藏族自治州人民政府后，已全部用于旅游开发等，目前保存完整。

图6-15 第一个核武器研制基地旧址（马曙光 摄）

（2）天佑德酒作坊。天佑德酒作坊是青海青稞酒的发祥地和互助青稞酒原产地，位于海东市互助县威远镇境内，是清代的建筑遗存。该遗址四面环山，地形为东北高、西南略低，属半浅半川水区，气候略暖，日照时间长，属高原大陆性气候，年平均气温3 ℃ ~3.5 ℃，年降水量为480~550 mm，海拔为2512.1 m。威远镇是互助县的政治、经济、文化中心，全镇居住有土、汉、藏、回、蒙古、壮、朝鲜、满、白、东乡族等10个民族。镇内有互助县党政军机关、群众团体和企事业单位、医院、学校、书店、商店等，还有白酒、水泥、印刷等 10 余个制造工厂。

整个酒厂遗址南北宽 812 m，东西长 398 m，以现互助青稞酒有限公司围墙为界（图 6-16）。青稞酒是以天佑德烧坊为主，整合了义合永、永胜和、永庆和、文钰和等 8 大作坊，源于明末清初民间土法酿造的"酩馏酒"。天佑德作坊取威远古井之水酿酒，威远古井建于 1918 年，与天佑德烧坊同时建成，位于现互助青稞酒有限公司东北部，井口直径 0.6 m，深约 10 m，现保存完好。

图 6-16　天佑德酒作坊（杜雨 摄）

（3）和德生钢铁厂遗址。和德生钢铁厂遗址位于海西蒙古族藏族自治州乌兰县柯柯镇北柯柯村和德生地区，是 20 世纪 50 年代末乌兰地区为大炼钢铁而建成（图 6-17）。区域内海拔为 3333 m，气候干燥，太阳辐射强烈，降水量少；土壤为风沙土，遗址周围有低缓的山包，有小范围的河谷冲积扇；植被有芨芨草、针茅草、白刺等；野生动物有野兔、旱獭、狐等。当地居民有蒙古、汉族 2 个民族，东侧约 100 m 处是一户牧民宅院。居民的产业以牧业为主，农牧结合。

遗址地势开阔，东西长约 480 m、南北宽约 400 m，坐西朝东，炼钢炉分布在一条东西向沙石路南北两侧，共有 525 座，规模庞大，排列规律，南侧分为 2 部分，北侧为 1 部分；西南部东西 8 列、南北 10 列；东南部东西 18 列、南北 15 列；东北部东西 17 列、南北 10 列，每个炉直径约

3 m、高 0.3~2.3 m 不等，间隔 5 m，大多坍塌残损。遗址中部现存有 3 个较完整的大烟囱，底部直径 6 m、高约 40 m，其中靠南端的大烟囱东侧上部勾勒有"和德生钢铁厂"6 个大字。目前该遗址由于常年风吹雨淋、风化和受高原性干旱气候影响，年久失修，保存状态较差。

图 6-17　和德生钢铁厂遗址

（4）泉口镇旱台民兵连。旱台民兵连位于海北藏族自治州门源县泉口镇旱台村鲁青园广场，其前身是 1950 年成立的旱台民兵自卫队，最初由 4 人组成，到 1951 年时发展为 33 人，并且正式纳入门源民兵武装编制。1957 年时连队扩编为 3 个排 9 个班共 75 人，随后根据上级指示要求，整个连队多次整编，在 2002 年撤乡并镇时改建为泉口镇旱台民兵连，编为 3 个排 9 个班，共 127 人。

在门源建政初期，民兵是人民民主专政的骨干，是人民集体财产的保卫者。1950 年，在门源地区作乱的匪徒被解放军击溃后逃进了祁连山地区，妄图长期与人民政府对抗，因祁连山地区地形复杂、易于藏身，不利于解放军大部队的进剿，门源县武装部组织旱台乡自卫队 20 人转战祁连山地区，行程 2000 km 有余，战斗 80 多次，活捉匪首，击毙匪徒多人，获得西北军政委授予的"为民除害"锦旗一面。目前基层民兵共 43 人，普通民兵编制为 5 个排含 15 个战斗班和 14 个炊事班，共 160 人（图 6-18）。

图 6-18　泉口镇旱台民兵连事迹展示区

5. 石窟寺及石刻

石窟寺及石刻泛指石头雕刻的艺术，石窟寺是石刻与木作结合的产物，以石洞窟为主、木构筑为附属。石窟必然属于石刻，然石刻未必归为石窟，故才有石窟寺及石刻的称呼。祁连山地区坐落着 61 处石窟寺及石刻物质文化遗产，大部分分布于区域内的东南方，其中西宁市最多，共计 37 处，分别是湟中区 26 处、湟源县 10 处、大通县 1 处（表 6-6，图 6-19）；其次为海西蒙古族藏族自治州，共计 17 处，分别是德令哈市 9 处、天峻县 6 处、乌兰县 3 处。其中被评定为省级以上保护单位的有 8 处，分别是岗龙沟石窟寺、卢森岩画、鲁芒沟岩画、寺台石窟寺、新寺摩崖石刻、水峡石刻、梅陇岩画、察汗特买图岩画；天峻县分布较为集中，有 3 处。

表 6-6 祁连山地区各地级市石窟寺与石刻数量分布表

地级市	数量
海东市	3
西宁市	37
海北藏族自治州	3
海南藏族自治州（共和县）	1
海西蒙古族藏族自治州	17

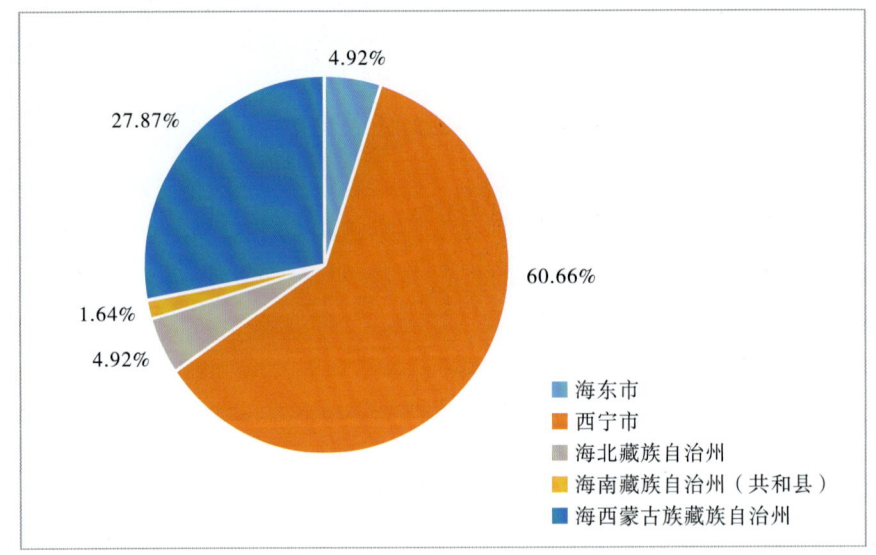

图 6-19 祁连山地区各地级市石窟寺与石刻占比

（1）卢森岩画。"卢森"系蒙古语，有"飞龙山"的意思，该岩画点为一处省级文物保护单位，位于海西蒙古族藏族自治州天峻县江河镇赛尔创村（八社）卢森山丘东坡上，海拔为3385 m，东南紧邻卢森遗址。卢森山体西南约100 m处为牧民拉霍尔加住宅。岩画南面为广阔的草原，由于靠近布哈河，这里雨量较充沛，牧草丰美，近年来由于超载放牧，加之布哈河谷黑刺被砍伐，草原不断沙化。该地土质为耕灌暗栗钙土，表层有机质较丰富，土层厚；地貌为布哈河河谷平原，以高寒草甸、高寒沼泽为主。东北方向有一山谷，周围为广阔的草原，地质多为砾石，土层较薄，只长短草，不宜耕种。此地光能资源丰富，牧草生长季占全年日照时数的

52%,属高原气候,冬天长,夏天短,昼夜温差大,年降水量在400 mm左右,年平均气温为3 ℃。当地野生动物有旱獭、喜鹊、乌鸦、戴胜、玉带海雕等。植被有嵩草、垂穗披碱草等,当地人烟稀少,分散居住,人们世代以放牧为生,产业经济以畜牧业为主,畜种以牦牛、绵羊为主。

岩画所在的东山山顶有煨桑台和经幡,岩面东西长10 m,南北宽8 m,画面最大的为6 m×8.5 m(图6-20)。岩画内容多为大角鹿、牦牛、马、虎、豹、鹰等动物形象,以及奔跑者、角斗、

图6-20 卢森岩画

狩猎(包括车猎图)等人物形象,此外尚有树和符号等约270个形象,可见打制技法分垂直打击、阴线勾勒和磨刻法三种。垂直打击的形象时代最早,其次为阴线刻凿,磨刻法最晚。据汤惠生先生著《青海高原古代文明》:卢森岩画的年代早期为青铜时代,晚期为汉代。目前东北部的岩画保存较好,其余部分风化腐蚀较为严重,近年来当地牧民在岩画上添附缺失画面。

(2)鲁茫沟岩画。鲁茫沟岩画位于海西蒙古族藏族自治州天峻县原天棚乡鲁茫沟内第八牧委会的草场上,为一处省级文物保护单位。"鲁茫"系藏语,意为蛇及昆虫类很多的地方。地理坐标为37°08′03.5″N、99°13′09.6″E,海拔为3441 m。该地属于高原气候,冬天长,夏天短,昼夜温差亦大,年降水量在400 mm左右,年平均温度为3 ℃。岩画西面为鲁茫河(常流水)由南向北流淌,地貌为中高山地带,地质为灰绿色砂岩及砾状砂岩。该地土质为栗钙土,砂壤或轻壤质地,植被有芨芨草、赖草、冰草等,野生动物有野兔、旱獭、鼹鼠、狼等。天棚乡是唯一纯藏民族牧业乡,平均0.7人/km²。当地居民世代以放牧为生,产业以畜牧业为主,牧民居住非常分散,一般都是方圆几千米才有一户牧民帐篷。

整个鲁茫沟岩画共分3处,面积约21.1 m²,主要有马、羊、牛、骆

驼等动物形象，第一处岩画有 52 个形象，高 3.2 m，宽 3.2 m；第二处岩画有 7 个形象，高 4.2 m，宽 2.7 m；第三处岩画高 2.8 m，宽 1.6 m（图 6-21）。据汤惠生先生著《青海岩画》：鲁茫沟岩画年代为青铜时代至汉代。近些年由于风雨侵蚀等自然原因，加之没有保护措施，岩面部分有脱落，导致岩画受到一定的破坏。

图 6-21　鲁茫沟岩画

（3）油葫芦石经墙。油葫芦石经墙位于海北藏族自治州祁连县野牛沟乡油葫芦沟油葫芦河以西约 100 m 的第二台阶上，北为大山，西面紧邻深为 20 m 的水沟，距离湟嘉公路 6 km，整体占地面积约为 900 m²。油葫芦石经墙整体呈东西走向，长 14.8 m、宽 1 m、高 1.2 m，经墙由大小规格不同的石板叠加构成，石板刻有藏传佛教经文，经墙的正面还有大小规格不同的 11 个洞口。在经墙东南方向约 30 m 处还有一面高约 3 m 的经幡。

6. 名山胜水

名山胜水是指那些被人类赋予一定文化内涵的具有深厚历史背景的山川。这些名山胜水不仅自然景观优美，还承载着丰富的文化内涵和民俗活动，吸引了大量游客前来游览和观赏。据调查，祁连山地区的名山胜水有阿咪东索、年钦夏格日、岗什卡雪峰、扎西郡乃山等。

（1）阿咪东索。阿咪东索位于海北藏族自治州祁连县境内，阿咪东索为藏语，意为千兵哨卡，俗称牛心山，蒙古语称之为"乃曼额尔德尼"，意为八宝山（图6-22）。阿咪东索属于高原大陆性气候，总占地面积112.92 km^2，海拔高度在2800~3500 m，具有气温低、昼夜温差大、降雨少而集中、日照长、太阳辐射强等特点。此地冬季严寒而漫长，夏季凉爽而短促。

阿咪东索四周的地形呈吉祥八宝之形，居住在祁连地区的藏族、蒙古族、裕固族等信仰藏传佛教的群众更是敬奉阿咪东索为祁连的众山之王。景区主要由高原牧场、草原花海体验基地、林海露营体验基地、盆景湾、万佛崖、经幡祈愿台等观景点组成。景区地处祁连山中段，由多条西北—东南走向的平行山脉和宽谷组成。旅游区集雪山、峡谷、丹霞、石林、草原、林海、田园、村庄等于一体，是典型的高原生态旅游目的地。2020年12月，阿咪东索景区被国家文化和旅游部评为"国家5A级旅游景区"。

图6-22　阿咪东索（马曙光 摄）

（2）年钦夏格日。年钦夏格日山位于海北藏族自治州刚察县、海晏县两县交界处的哈尔盖大草原上，海拔为4385 m（图6-23）。传说年钦夏格日是西王母修行居住过的地方，山峰顶端有一根高约3 m、腰围3 m的石柱，传说是《山海经》记载的"昆仑铜柱"，被当地藏族群众称为"镇山神柱"。年钦夏格日山独特的地貌和有关西王母的传说,使此处笼罩着一层传奇色彩,是研究昆仑文化发祥与变迁的神秘之地,也是探险旅游的好去处。

图 6-23　年钦夏格日(来源:海北文旅)

（3）岗什卡雪峰。岗什卡雪峰位于海北藏族自治州门源县北部,海拔为 5254.5 m,是祁连山脉东段的最高峰,面积约 450 km²,又称冷龙岭,是祁连山主峰之一,山峰西北—东南走向,在青海境内延伸 280 余 km,宽 30~50 km(图 6-24）。该地区属高寒半温气候区,年均温度在 1℃上下,年降雨量 550~600 mm,80% 的降水量集中在 5—9 月份,6—7 月、9—10月是最佳登山季节。盛夏的岗什卡雪峰寒气逼人,在海拔 4500 m 以上多有现代冰川,冰川总面积为 81 km²。海拔高差,复杂地貌,冰川与温泉、湖泊与长河神奇地结合,这些独特之处构成了它内涵深邃丰厚的神韵和峻拔飘逸的气质,是一处集现代冰川的壮观和完整的植被带为一体的自然景观,也是科学考察、登山探险和旅游观光的理想之地。

第六章　祁连山地区生态文化

图 6-24　岗什卡雪峰（侯志瑞 摄）

（4）扎西郡乃山。扎西郡乃山藏语意为"吉祥之地的高峰"，自古以来，便以其雄伟的身姿守护着这片土地上的生灵，见证着岁月的流转与文明的兴衰。其坐落于海西蒙古族藏族自治州天峻县舟群乡政府附近，山脚下有舟群寺，海拔为 3500 m，高约 250 m，宽约 600 m（图 6-25）。其形态远看酷似曼扎，且东侧崖壁上有自然形成的深洞，这一奇特的地貌在当地具有特殊的文化意义。神山西侧石缝流出的一泓泉水，名叫"曼拉（药师佛神泉）主曲"，饮后能治肠胃疾病，北侧又有一股溪流，名叫"卓玛（绿度母神泉）主曲"，味道甘甜，亦能治病。传说喝过神山甘泉的老人，80 岁了仍然骑马驰骋，自由自在。

扎西郡乃山自然风光雄奇壮美，山上有数千只岩羊，还有雪鸡、鹰、旱獭等野生动物。同时，山上野花烂漫，绿树成荫，四季景色各异，美不胜收。此地不仅是野生动物的乐园，也是研究生物多样性、生态保护的重要基地。

图 6-25　扎西郡乃山

（二）非物质文化遗产

非物质文化遗产（简称非遗）是指各群体、团体或个人视为其文化遗产的各种实践、表演、知识体系、技能以及相关的工具、实物、工艺品、文化场所等。非物质文化遗产是人类将日常生活技能及经验运用和留存下来的宝贵的文化财富，在历史长河中它们自然生长并且随着时代的变迁而发展变化，其传承与创新是其所处的环境与社会、政治、经济间的相互作用不断推动的结果。非物质文化遗产从其作用上来说，具有满足人们自然需求、社会需求和精神需求的性质，在一定程度上体现了它满足人民精神需求的礼乐文化作用，以及传承生产、生活经验的实用作用。

据青海省非物质文化遗产网统计，祁连山青海地区内共有国家级和省级非物质文化遗产106项。这些非物质文化遗产项目涵盖传统技艺，传统美术，传统戏剧，传统舞蹈，传统音乐，传统医药，传统体育、游艺与杂技，民间文学，民俗9大类（表6-7）。其中，国家级非物质文化遗产共25项，分别是传统技艺类4项，传统美术类5项，传统戏剧类1项，传统舞蹈类1项，传统音乐类5项，传统体育、游艺与杂技类1项，民间文学类3项，民俗类5项。省级非物质文化遗产项目共83项，分别是传统技艺类30项，传统美术类6项，传统戏剧类2项，传统舞蹈类6项，传统音乐类4项，传统医药类 2 项，传统体育、游艺与杂技类 5 项，民间文学类 8 项，民俗类 18 项。以上国家级和省级非物质文化遗产项目在空间上呈现不均匀分布，互助县分布最多，有 32 项，占总量的 30.19%；其次湟中区有 18 项，占比 16.98%；门源县有 11 项，占比 10.38%；大通县有 8 项，占比 7.55%。其余县域分布较少（表 6-7）。

表 6-7 祁连山地区各县区不同级别非物质文化遗产数量统计表

地区	国家级		省级		总计	
	数量（处）	百分比 (%)	数量（处）	百分比 (%)	数量（处）	百分比 (%)
互助县	10	40.00	22	27.16	32	30.19
湟中区	6	24.00	12	14.81	18	16.98
门源县	2	8.00	9	11.11	11	10.38
大通县	2	8.00	6	7.41	8	7.55
湟源县	1	4.00	6	7.41	7	6.60
海晏县			6	7.41	6	5.66
天峻县	1	4.00	4	4.94	5	4.72
化隆县	1	4.00	3	3.70	4	3.77
祁连县	1	4.00	3	3.70	4	3.77
刚察县		0	3	3.70	3	2.83
乌兰县		0	3	3.70	3	2.83
德令哈市	1	4.00	2	2.47	3	2.83
共和县		0	2	2.47	2	1.89

总的来看，祁连山地区内的文化资源数量众多，种类丰富，民族特色显著，其中传统技艺、民俗、传统美术、传统音乐和民间文学项目居多（图 6-26）。这些优秀的文化资源与祁连山独特的自然生态相融合，形成了内涵丰富、数量众多的生态文化资源宝库。丰富多彩的非物质文化遗产，无不彰显着祁连山地区先辈们在日常生活中积极乐观、富有情趣、努力奋进的态度和生活智慧以及乐于尝试的探索精神。

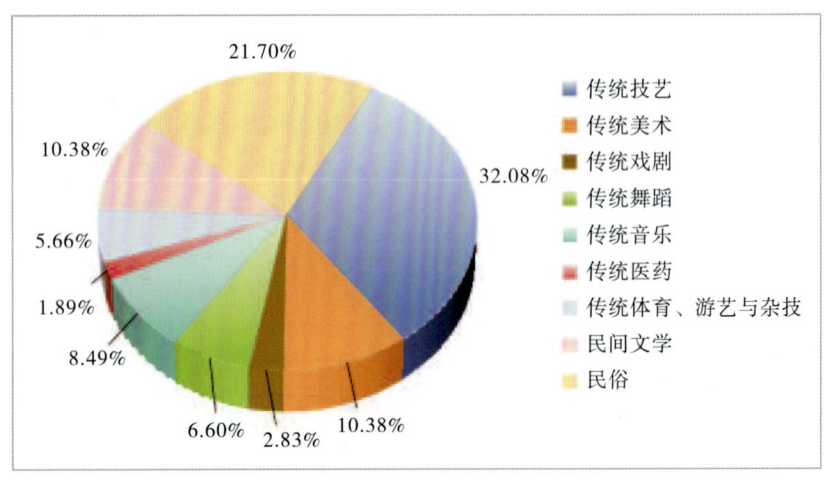

图6-26 祁连山地区各类型非物质文化遗产占比

1. 传统技艺

传统技艺，即中国传统民间技艺，是指在人类历史上创造的以活态形式传承至今，能够充分代表一个民族的文化底蕴、审美情趣与艺术水平的最为优秀的传统手工技艺与技能，每一门传统技艺都深深烙印着民族的印记。中国传统技艺是民俗文化中重要的组成部分，传统技艺与我们的日常生活息息相关，它起源于人们的日常生活，同时在人们的日常生活中得以传承与发展。民间传统技艺体现着劳动人民的智慧与生活习俗、生活方式。在祁连山青海地区内主要有藏族黑牛毛帐篷制作技艺、刺绣、雕塑、编织以及其他小类别的传统技艺。

祁连山青海地区内国家级和省级的传统技艺项目共有34项，主要分布在互助县，共8项，一部分在湟中区和湟源县，各有6项，门源县有5项，较少部分在大通县、天峻县及化隆县，各有3项。其中属于国家级的非物质文化遗产项目有4项，分别为湟中区的加牙藏族织毯技艺、银铜器制作及鎏金技艺，天峻县的传统帐篷编制技艺，以及位于互助县的蒸馏酒传统酿造技艺。省级传统技艺类非物质文化遗产项目有30项，分别为湟中区的河湟皮影制作技艺、湟中陈家滩传统木雕、湟中民间彩绘泥塑、西纳川铸钟技艺，大通县的大通桥儿沟砂罐、大通牛羊毛纺织技艺，互助县的威远酩馏酒、土族擀毡技艺、河湟油煎饼"狗浇尿"制作技艺、土族马鞍制作技艺、土族织褐子技艺、佑宁寺泥塑制作技艺、互助土族制香技艺，湟源县的湟源陈醋酿造技艺、湟源民居建筑石刻技艺、塔尔寺藏餐制作技艺、塔尔寺传统建筑营造技艺、塔尔寺雕版印刷技艺，天峻县的传统帐篷编制技艺，海晏县的酸奶鞣牛羊皮技艺，乌兰县的乌兰蒙古族"托德"制作技艺，化隆县的化隆拉面制作技艺、群科手抓羊肉制作技艺，门源县的搓毛绳技艺、门源奶皮制作技艺、门源腌制制作技艺、地锅焖烤记忆、拧皮绳技艺，以及位于祁连县的藏族牛羊头装饰加工技艺。

表 6-8 祁连山地区各县区传统技艺类项目数量统计表

名称	国家级	省级	总数
互助县	1	7	8
湟中区	2	4	6
门源县		5	5
大通县		2	2
湟源县		6	6
海晏县		1	1
天峻县	1	1	2
化隆县		2	2
祁连县		1	1
乌兰县		1	1

（1）加牙藏族织毯技艺。藏毯是青海境内藏族的传统手工织造品。经过距今3000多年的传承，青海逐步形成了具有地方特色的藏毯织造行业。由于历史和地理环境的原因，安多藏区和康巴藏区在藏毯的编织技艺、图案设计上存在着差异。康巴藏区（玉树地区）较多地保留了传统藏毯的编织技艺，而安多藏区则在图案设计上将藏汉文化融为一体。加牙藏毯的原材料主要来自天然放养的藏系绵羊毛、山羊绒、牦牛绒和驼绒等。这些藏毯的原材料具有色泽纯净、毛质好、绒毛厚、纤维长、弹性强、光泽度好等优点。工艺采用植物染料低温染色、低温洗毯，毛质不易损伤。织出来的毛毯色泽艳丽、弹性好、不脱色掉毛。在编织方式上，

加牙藏毯采用连环编结法，纵向每5 cm有9~13个扣，毯面较厚，约在15 mm以上，同时保留着传统藏毯边缘不缠线的特点，因此加牙藏毯具有极高的艺术价值、历史文化价值、实用价值和商业价值（图6-22）。

图6-27　加牙藏毯（侯志瑞 摄）

（2）银铜器制作及鎏金技艺。鎏金亦称"涂金""镀金""流金"，是把金和水银合成的金汞剂涂在银、铜器表层，加热使水银蒸发，使金牢固地附在银、铜器表面不脱落的技术。其工艺程序有煞金、抹金、开金、压光。

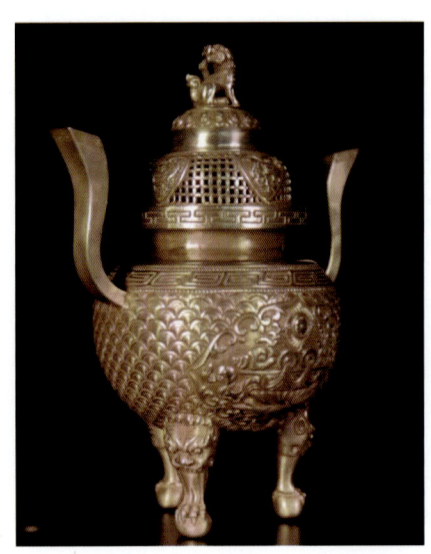

湟中银铜器加工工艺已有一百多年的悠久历史，属于国家级非物质文化遗产。它可分为银器和铜器两种加工工艺，银器加工工艺素以形薄、光亮、轻柔、质纯等特点著称，以加工精美而见长，深受各族群众喜爱。艺人们常用"八吉祥徽"（宝伞、金鱼、宝瓶、胜利幢、法轮、吉祥结、右旋海螺、妙莲）和曼陀罗、妙翅鸟、龙、凤、雄狮、怪兽、祥云、宝焰等作为装饰图案（图6-28）。银铜器制作及

图6-28　湟中银铜器（侯志瑞 摄）

鎏金技艺具有图案复杂、造型逼真、表现手法突出的特点，主要流程为下料—焊接—砸—灌胶—构图—抛光。湟中银铜器的生产方式以家庭手工作坊为主，子承父业，代代相传。

（3）天峻县传统帐篷编制技艺。青海藏族黑牛毛帐篷历史悠久，它世世代代伴随着牧民的生活，成为牧民不可或缺的居住地。黑牛毛帐篷由帐顶、四壁、横杆、撑杆、绳子、木橛子等组成。帐篷略呈长方形，帐脊中央高近 2 m，四边倾斜及地，以绳系于木橛上。帐篷的主要材料是牦牛毛，这种材料柔韧且富有弹性，保暖性极强，非常适宜制作帐篷。制作帐篷工艺复杂，首先要选择上好的黑牛毛，最好是较长的牛毛，捻成粗线，织成宽约 30 cm 左右的褐单子，将若干褐单子拼接缝合成片，即成帐篷。帐篷内部宽敞，可容纳多人居住；顶部设有天窗，用于通风采光和散烟；前方装饰有黑白相间的门幕，整体造型独特且富有民族特色。

（4）蒸馏酒传统酿造技艺。青海青稞酒酿造工艺是 600 多年来传统工艺不断发展的产物（图 6-29）。它是以优质的青稞为原料，加入精心培育的互助青稞大曲，采用"清蒸清烧四次清"工艺，先对原料单独清蒸，再对辅料单独清蒸，清茬发酵，清蒸流酒，"清"字当头，一"清"到底，

图 6-29　互助青稞酒厂酒窖图（杜雨 摄）

头茬为纯粮发酵，二茬为纯醅发酵，三、四茬为纯糟发酵。整个发酵过程遵循"养大茬、保二茬、挤三茬、追回糟"的原则。达到发酵周期的酒醅进行缓火蒸馏、量质摘酒、分级贮存、精心勾调后，最终形成互助青稞酒清亮透明、口感绵甜柔顺、悠长爽净、回味怡畅的独特风格。

（5）搓毛绳技艺。人类利用动物皮毛历史久远，在漫长的生活中不断地探索、加工与改进，最后成为人们日常生活中必不可少的原材料。人类对家畜资源的利用与加工是对自然资源的合理利用，家畜的毛不仅环保且是可再生资源，视为比较理想的原材料。在高原上不管是农区还是在牧区，只要有饲养的牲畜，就会有毛，便有了毛绳，这是一种用之不竭的资源。

搓毛绳的第一道工序是松毛。一般绳匠师傅会盘腿坐在地上，将搓绳所需的毛料细心地用手撕拉成散松的状态，摊成薄薄的一层，大约二尺见方，噙口水喷在上面，用手压平，上面再用一块小石板压上，再接着松毛。如此松了摊，摊了松，直到摊好的毛量厚度达到五寸左右时，把它卷成半截圆木墩子状，然后将它压在腿底下，从中心部分往外抽一股散毛，按用途所需将散毛搓成粗细不同的毛绳。绳匠师傅抽散毛股子，边抽边在手里一来一回地捏成一个把子，长四五寸，做成一个毛坯线疙瘩，称之为"哇勒"，"哇勒"的大小根据所搓毛绳的长短粗细而定。

第二道工序是搓绳。根据几股毛绳的需要，绳匠的左手里放上几个股子，首先用左手大拇指压住股子头，毛股子展在手掌当中；其次在右手掌心里唾一点唾沫，两掌一合一搓，几个毛股子同时被搓紧；最后，左手大拇指稍稍放松，三股毛线立即合成，再搓、再合成，一条毛绳在绳匠师傅的耐心劳作中生成。两股线的毛绳叫"漫坯"，不结实，绳匠通常搓的是三股毛绳。

为了使毛绳美观漂亮，绳匠有时在三股线当中加入一股纯白毛的，这样搓成的绳就成了花毛绳。

扁形的毛绳叫"毛编"，主要用于马鞍的肚带和马辔头的扯手。有两种制作方法：一种是把几根搓好的细毛绳，用细毛线并排缝在一起。另一种是用特制的木架编制，有上线、下线、过线等操作手法，有线锤、剁刀等工具。编制中绳匠还用黑白毛线设计一些花形图案,如大豆花、棋花、剪刀花等(图6-30)。

毛绳的质量不仅取决于绳匠的技艺,也在于毛的质量,所以选毛也是一道非常重要的程序。绳匠在搓毛绳时对毛的选料也是非常精细,一般要选长而光滑的牛缨毛或羊毛,用这种毛搓出来的毛绳坚固又耐用,质量绝佳。

图6-30 搓毛绳传习所展示区图(吴瑞娜 摄)

(6)门源胭脂制作技艺。门源胭脂制作技艺的流传和门源胭脂的发明与门源特定的地理环境有一定的关联。门源地处祁连山腹地,四周环山,气候寒冷,海拔在2330~5000 m,相对封闭,属半农半牧产业结构。旧时因社会发展较为落后,运输条件不发达,因此妇女们无法享用较好的化妆品。为防止强烈的紫外线和寒风对皮肤的摧残,门源当地人便自制了一种胭脂,因其需求较高且实用性强得以流传数百年。

门源胭脂是将牛奶、盐、蔓菁、麻雀屎、蜂蜜、红枣、茵条汁等天然原料按一定的比例混合熬制的纯天然绿色无污染的护肤品。这种护肤品老少皆宜,尤其深受妇女们的喜爱。由于是纯天然植物制成,对人的面部肌肤没有任何伤害。冬天擦上这种门源胭脂制品,不但能给皮肤保湿,而且还可以抗皱防裂,同时也能起到防晒和防冻的功效,久而久之,面部皮肤会细腻、白嫩。

门源胭脂的制作过程耗时较长，很多材料要进行长时间的浸泡与熬制（图6-31），首先把蔓菁和红枣等原料煮熟去皮，把麻雀屎浸泡至柔软，将牛奶熬制成奶油，后将所有原料按比例混合，加入蜂蜜水、茴条汁和少许盐，搅拌均匀盛在小瓶内发酵半个月左右即成。

图 6-31 门源胭脂制作原料图（吴瑞娜 摄）

2. 传统美术

传统美术是民俗文化项目中传统艺术的一部分，是指人类为了满足自己生活与审美的需求在劳动生活中创造出来的技术（张鹏，2016）。例如刺绣、绘画、泥塑、剪纸、唐卡等，这些具有高超技艺的作品常常被认为是艺术品。非物质文化遗产中的传统美术类既有物质性又有非物质性的特点。其中，传统美术的物质性体现在传承人用他们所传承的技艺创造出的艺术品以及传承者自身所掌握的手工技术，这些都属于民俗文化传承保护的对象；而非物质性则体现在传统美术是不可再生的珍贵文化资源，是中华民族在历史文化长河中智慧文明思想的传承，是依靠人的存在得以不断传承。

祁连山青海地区内的传统美术类非遗项目共11项（表6-9），分布较为集中，主要分布于湟中区和互助县。其中国家级的项目有5项，分别为互助县的土族盘绣、湟中区的塔尔寺酥油花、湟中区的堆绣，湟源县的灯彩（湟源排灯）以及化隆县的藏族唐卡。属于省级的项目有6项，分别为互助县的河湟民间彩绘、湟中区的农民画、湟中区的壁画、大通县的农民画、海晏县的河湟剪纸以及德令哈市的海西蒙古族刺绣。这11项传统美术类项目所属小类为刺绣图案、剪纸、藏族绘画、唐卡，所属小类中刺绣图案类别最多，民族性强、类型多样、题材丰富。

表6-9 祁连山地区各县县传统美术项目数量统计表

名称	国家级	省级	总数
互助县	1	1	2
湟中区	2	2	4
大通县		1	1
湟源县	1		1
海晏县		1	1
化隆县	1		1
德令哈市		1	1

（1）土族盘绣。土族盘绣艺术在公元4世纪左右就已出现，主要流传在互助县的东沟、东山、五十、松多、丹麻镇等乡镇。盘绣用料考究，加工精细，以黑色纯棉布做底料，再选面料贴上。盘绣是丝线绣，有红、黄、绿、蓝、桂红、紫、白等七色绣线，绣时一般七色俱全，配色协调，鲜艳夺目。盘绣的针法十分独特，操针时同时配两根色彩相同的线，一作盘线，一作缝线。盘绣不用棚架，直接用双手操作，绣者左手拿布料，右手拿针，作盘线的那根线挂在右胸，作缝线的那根线穿在针眼上。上针盘，下针缝，一针二线，虽费工费料，但成品厚实华丽，经久耐用。盘绣的图案构思巧妙，具有浓郁的民族风格，包括五瓣梅、云纹、菱形、雀儿头、人物等几十种样式。1000多年来，盘绣以母女相传为主，也在姊妹、妯娌、婆媳间传承，其文化与艺术的价值不可低估（图6-32）。

图 6-32 土族盘绣（来源：青海省非物质文化遗产网）

（2）灯彩（湟源排灯）。湟源排灯的框架是用上好木料制成，框边雕刻精细考究，其形状有长方形、马鞍形、扇形等，一般长 2 m、高 0.6 m、厚 0.4 m 左右，前后面分 3~6 档，每档画一图案，内容为商家自选的历史人物、典故、山水花鸟等，各图之间相互关联，里面用蜡烛点亮。入夜以后，湟源城街道上一排排的排灯交相辉映，绚丽多彩（图 6-33）。此习俗一直沿袭到清末民初，并得到当地商会、火神会的支持，每年正月十五元宵节期间湟源县都会举行排灯展挂活动。

图 6-33 湟源排灯（来源：青海省非物质文化遗产网）

（3）华热藏族刺绣。华热藏族的刺绣工艺精细，针脚要求很高，色彩搭配很讲究，针针见功底，线线出效果。刺绣主要有盘绣、堆绣、网绣、平绣、锁绣、拉绣、窝针绣等。其中，盘绣和堆绣是华热藏族最拿手、最具特色、最常用的绣法，在汉族地区很少见到。其制作需要一针一线的纯手工工艺，历经做模、打面浆、粘布、拟模、贴面、镶边等十几道工序，讲究观赏价值，追求浅浮雕和富丽堂皇的艺术效果。华热藏族的刺绣应用十分广泛，品种丰富，花样繁多，品种有加龙、辫套、腰带、衣领、几何图案、黑头巾、人物、植物、动物，还有吉祥八宝、吉祥如意、光圈云气、狮象瑞云和装饰寺院殿堂的一些用品等（图6-34）。华热藏族一般必须让女孩儿从小学会这门手艺，用刺绣装饰自己、美化生活、传递友谊、寄托感情，这使得这项民间艺术成为华热藏族生活中不可缺少的组成部分（周裕兰，2014），世代相传，不断发展。因此，当地也培养了一大批华热藏族刺绣能手。

图6-34 华热藏绣辫筒纹样图（吴瑞娜 摄）

3. 传统戏剧

传统戏剧通俗来讲就是人们常说的"戏曲"，实质上是一种包含音乐、舞蹈、美术、文学、杂技等各种元素的以歌舞为主要表现手法的总体性演出的艺术。早在原始社会，戏剧就担任了极为重要的角色，通过表演者与观赏者之间的关系，运用道具、装扮等在地区内完成具有民族性、教育性的任务。我国传统戏剧形成了唱念做打为一体的成熟体系，又因为不同地区不同民族、语言、风俗、民间传说等影响形成了多种多样的样式。传统戏剧中的精彩故事、精彩片段千百年来被人们所传颂，是中华民族传统艺术的瑰宝，是我国民俗文化的重要组成部分。

祁连山青海地区内传统戏剧类非物质文化遗产项目共3项项目，主要分布于互助县、大通县和刚察县。其中，国家级项目有1项，是位于大通县的皮影戏（河湟皮影戏）。省级的项目有2项，分别为门源边麻掌眉户戏和门源皮影戏。

（1）皮影戏（河湟皮影戏）。河湟皮影戏又称"青海皮影戏"，在当地称为"影子"或"皮影儿"。距今约有200多年的历史，在长期的发展过程中有其独立和成熟的板腔体声腔体系，有专用的弦索音乐曲牌和打击乐曲牌，唱腔音乐与其他地方剧种不能通用。河湟皮影人物造型设计独特，形象丰富逼真，由11个部件组成，主要分稍子（头）和身子两大部分，稍子和头饰连在一起，身躯四肢和服饰连在一起。河湟皮影戏很少有文字剧本，演出全凭艺人口头传承，在此过程中逐渐形成了一套特殊的记忆方

图 6-35 河湟皮影戏表演图（来源：青海省非物质文化遗产网）

法，多数艺人有即兴创作的本领。河湟皮影戏班通常由5人组成，其中1人操纵生、旦、净、末、丑等角色并兼任说唱，其他4人为乐手，负责文武场的全部音乐伴奏（图6-35）。

（2）门源边麻掌眉户戏。眉户戏是源于陕西眉县和户县（现为鄠邑区）及其周边一带的地方戏，结合了青海门源地方语言、音乐、民间风俗习俗，形成了独特的地方民间文化戏剧。边麻掌眉户戏剧团现有演职人员近30人，基本固定演员23人。其中，骨干主角有8人，配角有9人，乐器演奏者包括三弦、板胡、二胡等5人，音响师1人，主要演员都能兼"生""旦""净""末""丑"中的两三个角色。此外，剧团现有正、副剧团团长共2人。

边麻掌眉户戏的表现形式主要是以眉户戏古装表演形式展现戏剧内容（图6-36）。剧目内容主要包括历史经典的传统剧和现代剧目，传统剧目有传子戏、段子戏、本子戏、流传戏等。优秀的剧目有《窦娥冤》《铡美案》《孔雀东南飞》《杀狗劝妻》《血滴鸳鸯剑》等，现代剧有《赞海北》《正月十五雪打灯》《改革开放路宽广》《老来难》等。剧目内容主要是反映农村生活、农民生活、农民思想观念，反映农民心声，表达农民的情感，具有浓烈的乡村泥土气息，具有广泛的群众性和历史文化性。

图6-36　门源边麻掌眉户戏表演图（马俊武 摄）

（3）门源皮影戏。门源地区的皮影戏是在明末清初传入，主要分布在泉口镇、西滩乡和东川镇。其音乐结合了地方文化特色，委婉动听，一般三五人便具备了"一口道尽千古事，双手舞动百万兵"的规模。门源皮影戏的唱腔属于"板腔体"，特点是各种唱腔都有不同的帮腔，可分为三大类：

一是板腔：板腔中包括阳腔、阴腔、吨四归、滑腔、二倒板、阳座尖板、阴腔尖板、滚板、阳腔段儿、阴腔段儿、尖板转开板转阳腔、尖板转吨四归转阴腔。

二是杂腔（俗称十八杂腔）：包括写表章、报军情、钻草、喜相逢、洛洛腔、花调、念五方、小烧纸、偶子、大佛号、小佛号、阴腔道情、阳腔道情。

三是唢呐通用曲牌，有13种；专用曲牌，有37种。服饰、动物造型及配套道具都带有浓郁的秦腔戏曲造型艺术风格，尤其是打击乐器与秦腔十分相近。

门源皮影戏的音乐是在吸收当地民间音乐和戏曲音乐之后形成独特的唱腔和唢呐曲牌，以二胡、三弦、曲笛、唢呐、小战鼓、干鼓、大钩锣、梆子、铰子、盏儿等乐器为主，构成丰富的唱腔板式和多变的板路组合而形成的音乐。

从表演手法上看，皮影戏的演绎性很强，前台把式一人负责完成各种行当唱、念、做、打的表演（图6-37）。乐队共4人，分别操作丝竹和打击乐器，具有很强的趣味性魅力。

门源皮影戏通过长期演艺和不断完善，在戏曲内容和演出形式上被分为"大传戏"和"单本戏"（俗称窝窝戏）两大类。

"大传戏"是依据古典长篇历史小说改编而来的剧本，演出形式以连台戏为主，故事情节完整，内容健康向上，唱腔严肃正统，如中国四大名著、《封神演义》《隋唐演义》等。

"单本戏"是把当地民间流传的故事进行改编而成的戏曲段子，故事情节简单明快，口头表演性强，形式也比较随意自由，唱腔注重的是说唱中的幽默。

皮影戏班由皮影件（皮娃娃）、影幕（亮子）、艺人（影子匠）、剧本（本子）和乐器（家什）组成。由于皮影制作简便，可就地取材，演出不受舞台、灯光、场地的限制，大至广场、小至家庭庄园，一盏灯、一片布或白纸当屏幕就可表演，一头毛驴可驮走全部道具，所以皮影戏在农村山区广为流传。

图6-37　门源皮影戏表演图（门源县文化馆供图）

4.传统舞蹈

传统舞蹈，通常指的是那些在历史长河中形成并流传下来的具有深厚文化底蕴和民族特色的舞蹈形式。这些舞蹈不仅仅是身体动作的组合，更是文化传承、社会习俗、审美观念等多方面因素的综合体现。传统舞蹈往往与特定的地域、民族或文化群体紧密相连，人们通过舞蹈语言讲述历史故事、传达情感、庆祝节日或进行仪式活动。这些舞蹈动作、节奏、服饰、道具以及表演形式，都深深植根于当地的文化土壤之中，是民族文化和地域文化的重要组成部分。

祁连山地区传统舞蹈类非物质文化遗产项目共7项，主要分布于互助县、大通县和湟中区。其中，国家级项目有1项，位于互助县的安昭。省级的项目有6项，分别为互助县的土族安昭舞、佑宁寺观经舞、大通傩舞老秧歌、大通蛙图腾祭祀舞"四片瓦"、湟中区的鲁沙尔高跷、塔尔寺羌姆。

（1）土族安昭舞。安昭，土语称"那腾锦莫热"，意为围着圆圈跳的舞蹈，是民间喜庆节日和婚礼仪式时用以礼赞祈福的一种群众歌舞。

土族民间有一个关于安昭来历的传说：古代有一个聪明的土族姑娘，为给万民除害，编演了圆圈歌舞安昭，旋转的圆圈舞迷乱了一个叫王蟒的魔鬼的眼睛和心智，人们趁机用绳索套住并杀死恶魔。从此，土族过上了安宁的日子，并留下了安昭这种歌舞形式。参与安昭舞蹈没有人数限制，三两人直至数百人均可，无论男女老少均可随时加入。舞蹈时无乐器伴奏，通常有一两位歌唱能手领唱，众舞者相随并合唱衬词，依照男前女后的次序顺时针方向边唱、边舞、边转，所以也叫"转安昭"。转安昭是一曲一舞，每个舞段由一首歌曲与数个动作组成，按约定俗成的顺序循环往复，往往通宵达旦地歌舞，直至尽兴（图6-38）。安昭舞的内容，主要是祝福民族和地方的兴旺发达，祈愿天下太平、五谷丰登；礼赞山川神祇的恩泽，

图6-38　安昭舞表演场景

歌颂先民辛勤开拓家园的业绩；抒发对乡土的热爱和对美好生活的向往。

（2）佑宁寺观经舞。佑宁寺观经会，亦称观经法会，土族语称"蓝迦"。土族传统庙会，流行于互助县等地。每年农历正月初二至十五日，六月初八至初九日举行。届时佑宁寺喇嘛每天要3次到经堂念经，法台2次到经堂讲经。正月初八与正月十四日2天举行喇嘛跳神舞。正月十四日还要打"施食"，意为消灾。届时土、藏等族群众身着洁衣纷至佑宁寺磕长头、点酥油灯、煨桑（"桑"，藏语意为神香；"煨桑"即用火煨柏枝等物，使之青烟袅袅，借以供奉神灵）、供忙煞（施舍茶）、供饭、布施，观看马首金刚舞及大型佛像等。观经会期间，还进行物资交流和走马赛、武术比赛等活动。

（3）大通傩舞老秧歌。大通傩舞老秧歌，是保存在大通县境内、具有悠久历史渊源的传统民间舞蹈。每年一到正月初七、初八，大通回族土族自治县境内的很多村落都会开始耍社火，老百姓家就会派人装扮社火中的角色，这种角色被当地老百姓称为"身子"。傩舞老秧歌一般由4个"大身子"组成，每个演员都戴着一顶貌似羊角的帽子，帽子上贴满了黄色烧纸剪成的碎纸条，在帽子口沿左右两侧各贴着一个用烧纸折叠成扇形的"玛子"，用来表示他们不是凡人，是具有神力的神祇。旧时，演员们还会用墨汁在眼部画上两个黑色的圆圈或是戴着用白萝卜削成的萝卜圈，表示他们有四个眼睛，如今眼部黑色的圆圈或是萝卜圈早已经被时髦的墨镜所代替。演员们的身上反穿着羊皮袄，扎着腰带，手上拿着贴着碎纸条的短木棒或在腰上挎着腰鼓。

（4）大通蛙图腾祭祀舞"四片瓦"。四片瓦又称龙蛙图腾，是一种传统舞蹈，是流传在青海大通黄家寨地区的一种传统民间社火。表演的演员脸上画着青蛙的脸谱，手持四片形似青瓦的竹板，打击起来清脆响亮，舞蹈以青蛙的腾跳动作为主，轻盈柔和，再现了古代劳动人民征服蝗虫自然灾害的聪明才智和勤劳勇敢。该舞蹈已被列为省级非物质文化遗产。蛙图腾祭祀舞"四片瓦"是大通县黄东、黄西两村群众独有的，保持了宋代之前民间蜡祭仪礼信息的古老舞蹈。关于它的历史渊源，听老人们讲述，古代时曾频频发生的螟蝗虫灾对庄稼产生极大危害，起初大家只是敬畏昆虫，在众多祭祀活动中，祈求昆虫不要危害庄稼；然而人们发现，青蛙能够消灭蝗螟虫害，保护庄稼。于是，大家逐渐认识到：只有蝗螟昆虫的天敌才能制服这些有害昆虫，而青蛙作为一种普通的生灵，能够吞食有害昆虫，对保护农作物有功。纯朴的先民认为，对于保护和发展农业有功者，应该受到人们"迎而祭之"的礼遇。因此，在春节期间进行的民间社火活动以及祭祀中，逐渐出现了迎青蛙神的舞蹈。由于在舞蹈中，演员们左右两手各拿两块如瓦状的道具，因此得名"四片瓦"（图6-39）。

图6-39　大通蛙图腾祭祀舞"四片瓦"（来源：大通县文旅局公众号）

5. 传统音乐

中国传统音乐在历史的发展过程中不断沉淀，不断传承与发展。传统音乐是中国人运用本民族固有方法、采取本民族固有形式创造的具有本民族固有形态特征的音乐，包括器乐音乐、戏曲音乐、民歌、舞蹈音乐，以及其他传统的音乐类别。传统音乐是一定音乐思想特殊本质的集中体现，是音乐思想意识的结晶，对一个国家、一个民族的思维习惯和审美意识的形成与发展有着不可低估的作用。

第六章　祁连山地区生态文化

祁连山地区的传统音乐类非物质文化遗产项目共9项，所属小类有民歌、器乐、舞蹈音乐以及宗教音乐。主要分布于互助县、大通县和湟中区。其中，国家级项目有5项，分别是互助县的花儿（丹麻土族花儿会）、大通县的花儿（老爷山花儿会）、门源县的回族宴席曲、湟中区的佛教音乐（塔尔寺花架音乐）、祁连县的阿柔逗曲。省级的项目有4项，分别为互助县的土族宴席曲、土族打夯歌，祁连县的郭米则柔，湟中区的南佛山花儿会。

（1）土族丹麻花儿会。花儿会是一种大型民间歌会，又称"唱山"。花儿一律使用当地汉语方言，是只能在村寨以外歌唱的山歌品种，通称"野曲"（与"家曲"即"宴席曲"相对），又称"少年"。其传唱分日常生产生活与"花儿会"两种主要场合。丹麻花儿会（图6-40）是青海省互助土族自治县具有一定影响力的群众传统集会，集戏曲表演、花儿演唱、商品贸易为一体，一般在每年的农历六月十三日举行，会期为五天，一年一次，规模宏大，影响深远。据专家认定，"丹麻花儿会"起初是当地土

图6-40　土族丹麻花儿会表演图（侯志瑞 摄）

族群众为祈求风调雨顺，期盼五谷丰登而举办的朝山、庙会性质的传统集会。经过历史的演变，它已成为展示土族民俗风情的一个重要的文化现场。丹麻土族花儿有《尕联手令》《黄花姐令》《杨柳姐令》等常见曲目。丹麻花儿会上演唱的土族花儿是青海花儿的重要组成部分，具有独特的民族风格，蕴含着丰富的土族文化内容，具有较高的艺术价值。

（2）老爷山花儿会。老爷山花儿会是每年农历六月初六在大通回族土族自治县的老爷山举行的大型民歌演唱活动（图6-4）。它产生于明代，经过几百年的发展，伴随着"朝山浪会"活动，从以娱神为主逐步演变为以娱人为主。老爷山花儿会演唱形式有两种：一是群众自发演唱，农历六月初六在老爷山的密林花丛中，或数十人或几百人自由唱和，情景交融；二是1949年以后兴起的有组织的演唱，有固定的演唱场所和舞台，歌手经过层层选拔，在舞台上赛歌竞技。

图6-41　老爷山花儿会（来源：青海省非物质文化遗产网）

老爷山花儿会以演唱"河湟花儿"为主，歌手们均用汉语演唱，这是老爷山"花儿"和"花儿会"不同于其他民歌和歌会的显著特点。内容主要以歌咏爱情生活为主，也涉及民俗、生产劳动、历史故事、新人新事等类型。其唱词以七字（一三句）与八字（二四句）相间的四句体为主，特别规定二四句句尾必须是"双字"词，另外一、三句和二、四句分别押韵，形成了一种特殊的唱词格律，在全国汉族民歌中也属特例。河湟花儿的语言生动形象、优美明快，多用赋、比、兴等修辞手法，有极高的文学价值。大通老爷山花儿有《大通令》《东峡令》《老爷山令》等代表性曲目。

（3）回族宴席曲。据老人们回忆，回族宴席曲成形至今已有300多年的历史。宴席曲系由宋代宫廷的"燕乐"名称转化而来，主要在婚礼宴席上演唱，同时有动作相伴，故也被称为"宴席舞""菜曲"（图6-42）。其表演形式活泼灵便，歌舞并行，有说有唱，主要内容包括祝词、叙事曲、五更曲、打柱辩、散曲等。祝词叙述民族渊源，常用于婚仪祝福等；叙事曲也称"大传"，是宴曲的核心部分；五更曲多以五更为比兴，生动抒情；打柱辩也称"打搅儿"，与宴席歌舞交错进行，是一种富有民族特色的说唱形式；散曲多为小调，曲文结构自由灵活，涵盖了西北众多的民间小调。

图6-42　回族宴席曲（来源：青海省非物质文化遗产网）

除此以外，宴席曲还包括配合小调的各式舞蹈及《拉骆驼》《拉鹅》等逗乐取笑的舞蹈。经初步调查，流行在门源地区的宴席曲有100多种曲令，基本是一词一曲，这些作品有传统题材和现代题材，内容十分广泛，每一曲都有固定的唱词，也可以现场即兴发挥，其代表作品有《方四娘》等。

（4）祁连县的阿柔逗曲。阿柔逗曲是青海省省级民间音乐文化，主要流传在青海省海北州祁连县阿柔乡、峨堡镇两个乡镇及周边乡镇村落，如默勒、野牛沟、可可里等地，但流传面不广。阿柔逗曲因不同内涵或不同内容的表现形式，受到了历史、社会、藏学、民俗等研究领域专家学者的重视。阿柔逗曲在社会变革和时代进步的大潮中，仍延续着传统藏族民歌的演唱形式，具有丰富的藏族民歌深刻内涵的特性。

阿柔逗曲多元一体，既有共性，又有不同地方的差异性，形成了同一曲调不同唱词或同一唱词不同曲调的演唱形式。逗曲在藏语中称"喜合"，其曲调与"勒"山歌相同，"勒"是藏区最普遍、最常见、流传最广的歌唱形式，可独唱也可合唱，而逗曲不能独唱，多为对唱（图6-43）。它需要一定的演唱场合，如婚礼宴席、过年、过节。其内容有赞美大自然、骏马牛羊的，

图6-43　阿柔逗曲表演图（来源：祁连县文化馆）

也有歌颂英雄事迹、描述民族习俗的，还有感怀情思、祝福吉祥的，内容包罗万象，无所不唱。曲调独特，节奏缓缓如流水，形象生动，生活气息非常浓厚（中国地理百科丛书编委会，2016）。自由的旋律和严密有序的律动构成悠扬辽阔、舒展豪放的音乐形象，充分表现了自由奔放的草原民歌特点。演唱形式多为两人对唱，对唱时一方手拿哈达或酒盘随着曲调的旋律边唱边跳至另一方面前，献上哈达或酒，依此往返轮唱，是藏族婚礼和各种宴席及逢年过节时必不可少的助兴内容，是营造氛围的最佳方式。

阿柔逗曲的传承以社会性、松散性为特征。多以宴席倾听或口口相传的方式传承。虽有不少技艺高超的阿柔逗曲民间艺人，但多为老人，年轻的一代则更热衷于现代流行音乐，传统的阿柔逗曲也面临着被现代文化所同化的危险，需要有关部门及时进行保护。

（5）土族打夯歌。打夯歌即打夯号子，是一种历史悠久的劳动歌曲，打夯歌较完整地记述了劳动的过程，互助地区的打夯歌具有各民族的特色，各民族间多种打夯歌的曲调均可以通用。土族地区打夯歌与民族、地域及当地居民的生活习俗有着紧密联系，是劳动生活的真实写照。在过去，土族的住房均为土木结构，房屋外围是庄廓，打夯歌便是在这种劳动过程中自然产生的，作为协调劳动节奏的号子一直延续了下来。打夯号子的领唱者即劳作时的指挥长，领唱的曲调大多高亢舒展，具有粗犷豪迈和呼号召唤的高原风格，演唱时气氛活跃、声调高亢嘹亮，且多以汉语演唱。互助打夯歌歌词没有固定内容，多以衬词、衬句来完成旋律，从诗、歌、舞三位一体的原始艺术形态来分析，大多打夯歌以歌唱劳动、祈福安康为主要内容，也有叙唱历史故事和英雄人物、民间习俗及生活内容的。歌曲演唱中要求节奏一致，调动情绪，而后慢慢转入正词，正词也有很多不同内容。打夯歌一般由领唱者领唱，一唱众和，见景生情，有感而发，直接反映劳动者的情绪和状态。

6. 传统医药

传统医药起源于古代，是人类在长期医疗实践中积累的宝贵财富。中医药作为传统医药的杰出代表，其历史可追溯至数千年前。在《黄帝内经》

《神农本草经》等古典医籍的引领下，中医药逐渐形成了独特的理论体系和实践方法，为中华民族的繁衍昌盛提供了坚实的健康保障。

传统医药在祁连山地区有2项分布，全部为省级非物质文化遗产，主要分布于海晏县和德令哈市，分别是金银滩祖传正骨法和蒙医正骨疗法。

（1）金银滩祖传正骨法。金银滩祖传正骨法是一种具有深厚历史底蕴和独特技艺的中医正骨疗法，又叫正骨术或接骨手法，即用手法"使已断之骨合拢一处，复归于旧位"（现统称为手法复位），主要有按、摩、推、拿、揉、捏、掐、点、叩、颤、拍、击、啄、提、压、抚、捻、分、合、抖、扳、摇、震、擦、梳等。通过这些手法，改善气血运行，疏通经络，调整脏腑功能，以治疗患者患部疼痛、错位、突出等问题。其正骨手法的操作要求稳、准、敏捷，用力均匀，动作连贯，力量要稳重适当，切忌猛力、暴力。

（2）蒙医正骨疗法。蒙医正骨疗法是历代正骨医学家们所积累的具有民族特色的治疗各类骨折与关节脱位、软组织损伤等一系列病症的疗法。其方法简练、疗效明显。蒙医正骨术分整复固定、按摩、药浴治疗、护理和功能锻炼等5个步骤进行。有固定的矫形器械和支架，如凸面青铜镜或银杯、圆形银镘、蛇蛋花宝石、压板、压垫、缚带、沙袋、绷带等。当用器械固定时，先用烈性白酒充分喷洒在伤肢骨折处和关节部位，再进行揉捋按摩，有解毒、舒筋和活血的作用。正骨术实际上包括了骨折整复手法、骨折按摩法以及蒙医震脑术等各种正骨疗法。

7. 传统体育、游艺与杂技

传统体育、游艺与杂技是人们为满足自身娱乐需求、营造和谐环境、促进社群交流而产生的内容繁多、形式多样，深受人们喜爱的民间游艺活动。这些活动中蕴含着我们祖先的聪明才智，延续了我们民族百折不挠的精神，有着永不过时的时代价值。传统体育、游艺与杂技作为民俗文化重要的组成部分，在历史发展过程中逐渐形成，自身具有鲜明的时代价值。传统体育、游艺与杂技是人类对于健康、审美、爱情与社会安定的追求，反映了人类面对复杂严峻的挑战时坚韧不屈、百折不挠的上下求索。这些运动是人类与生俱来的生存技能，是人类最原始的娱乐休闲、运动健康的文化，是人类创造的物质文明与自身的精神文明的高度统一的文化遗产，在传承过程中也传承了人类的智慧与文明，改善了人类的体魄，增强了人类对自然的适应能力。传统体育、游艺与杂技是培养人民团结协作，构建良好的社会行为，促进人们的情感愿望和价值观与社会价值观融为一体，维系社会的团结稳定，推动人类社会和谐发展的重要手段。

传统体育、游艺与杂技类在祁连山青海片区内共有6项，其中有2项分布于湟中县，互助县、乌兰县、门源县、海晏县各分布1项。这6项传统体育、游艺与杂技类项目所属小项为骑马、下棋、射箭，类型丰富，种类齐全。其中国家级项目1项，为互助县的土族轮子秋。省级项目5项，分别为湟中县却西德哇村古老游戏、青海大有山民间传统武术、乌兰蒙古族金桩子游戏、门源县的浩门走马、海晏县的金银滩马术。

（1）土族轮子秋。轮子秋是土族先民一项古老的体育活动。土族语称为"卜日热"，意为旋转，即转轮轮，多在农闲和喜庆节日举行（图6-44）。关于轮子秋的起源，有一则美丽神奇的传说。相传土族先民先后用青龙和野牛犁地，都不成功，最后用黄牛耕地，获得了丰收。人们制作木车运送

图6-44　土族轮子秋表演图（侯志瑞 摄）

庄稼，最后一车青稞捆运上场时，车子翻倒，两个净肚娃娃在朝天的那扇车轮上飞舞，口唱丰收曲《杨格喽》。从此，每年冬季碾完场后，人们便在平整宽阔的麦场或者宽敞的地场上把卸掉车棚的大板车车轴连同车轮一道竖立起来，稳固住重心，朝上的一扇车轮上平绑一架长木梯，梯子两端牢系上用皮绳或麻绳挽成的绳圈。两人相向推动木梯，使之旋转，然后趁着惯性分别坐或站在绳圈内，快速转动起来，同时表演出各种令人瞠目结舌的惊险动作。围观者则不时地帮推木梯，使之加速旋转。有时，一大群服装艳丽的男女青年在旁边围成圆圈载歌载舞，势如众星拱月。

（2）湟中县却西德哇村古老游戏。却西德哇村古老游戏主要有"冈朵""井井康""丢嘎儿""冈里""九""热则""朵决""朗秀""江塔""乌多""阿米惹阿""淳斗""老马抢四角""驮驮子""下羊窝儿棋""走四门棋""骑马""藏舞""斗公羊""踢毽子""蹲尻蹲""拔桩""蹬棍儿"等30多个项目。游戏中的主要项目"冈朵"，是选择大小适中的扁形石头（能够放在脚面上，便于夹在两脚中间）数块，再选一块能够立起来的石板，然后圈定游戏区域就可以玩了。游戏可以2人至10多人同时进行（以选定的大块石头的数量决定几人同时进行），大石块是被击打的目标，此游戏共有10个基本步骤，目的是要击中目标，使石块击中目标时发出响声，击中者就可以进入下一个步骤，最终取得胜利。"井井康"是模拟草原上两个不期而遇的牧羊人有节奏地交相敲打自己的牧羊棍，击打的节奏仿佛马蹄奔腾的声音。"井井康"不仅斗智，口中还要唱着曲调，生动地再现藏民族的游牧生活。"丢嘎儿"则更为有趣，一个人趴在泉水上方将磨好的燕麦炒面捏成比乒乓球稍小的疙瘩往水里丢，一个人趴在泉水下方，直接用嘴从水中捞取滚落的炒面疙瘩，以捞不上者为输。这是再现牧民们在野外劳作时吃饭的一种情景。"冈里"，俗称打毛球，是用羊毛等缠绕成的球，中间可加鸡毛等物，以增加弹性。动作从易到难，用各种方法拍打"冈里"，完成规定动作者为胜。"九"，只需在地上画出棋盘，以树枝、石头、羊粪蛋充当棋子就可以游戏。"热则"俗称"打羊窝"，是一种用干羊粪蛋在小土坑里碰撞的游戏，游戏者不仅要准确掌握羊粪蛋碰撞的方向、角度和力度，还要猜出散落在坑里及坑外数量的单双，是一种考验人对数字敏感性和数理运算的益智游戏。每个项目都有自己的游戏规则,规则简单明了,就地取材,老少皆宜,趣味横生。

(3)浩门走马。门源县地处青藏高原东北部,这里出产誉满中外的名马"青海骢",这种马神态雄骏,灵敏易驯,挽乘兼备,溜蹄善走而且头型正直而额宽,眼不大而眸明。耳尖而立,颈向上倾斜25°~30°。其前胸宽,胸廓深宽背长,腰短宽而有力,腹部充实广厚,臀肌发达,肩背部特别有力,蹄圆质而坚硬,其毛色多为枣骝色。

浩门马是马中良马,色彩以红色居多,有西域汗血马的遗传基因,具有耐力强、易恋膘、繁殖力较强的特点。它在暴风雪中驰骋如飞,炎炎赤日中行走如流,有耐寒、耐热和善走山路的奇特本领和极强的环境适应性。它体格适中,眼疾且能避险,矫健而有力量,敏锐而迅捷(图6-45)。

图6-45 浩门走马比赛图(吴瑞娜 摄)

浩门马重亲情，有的马离群多日，回到家族成员之间，以互相咬鬃的方式表示亲昵。浩门马以善走对侧步著称，是我国唯一天生的走马。

2018年1月13日，浩门走马被青海省人民政府列为第五批省级民俗文化名录代表性项目，现有省级代表性传承人1名，州级代表性传承人1名。

（4）金银滩马术。马被蒙古族人称为"人之翼"，传说马是天上的神鸟，与湖中大鱼结合而生。纵马扬鞭之时，确有御风飞行之妙。作为一个善骑射的民族，蒙古族古代以能骑善射、民风强悍著称。2018年，金银滩马术已被公布为青海省第五批省级非物质文化遗产。

图 6-46　金银滩马术表演图（http://wtlygd.haibei.gov.cn/）

骑射之术是古时蒙古族每一个男子必学的基本技能。成吉思汗时代，蒙古族铁骑四处征战，终日战而不疲，弓马娴熟，勇敢顽强。在漫长的征战过程中，他们开始对马匹进行系统训练，驾驭马的技术和能力也在不断提高，他们在马背上创造了独特的民族风格和运动形式，这就慢慢有了高原马术运动的雏形。随着历史的发展，草原各地每年都举行各种马术活动，形式多种多样，骑术技巧难度不断增加，马术运动以其快捷、惊险、雄健、优美的特色吸引着越来越多的人参与。马术竞技是骑马者在催马快奔的情况下完成的高难度动作，骑马者需有非常矫健的身手和胆识，马也是受驯过的（图6-46）。马术竞技之前要煨桑、祭俄博、用柏香熏参赛的马、挂红、挂哈达、参赛马匹的缰绳不允许任何人动。主要赛马方式有：单人单马、单马双人、双人双马、多人多马等。

8. 民间文学

民间文学是广大劳动人民用自己熟悉的民间故事或生活经历创作并流传下来的文学作品，是人民群众在生活中通过口头传承、传播、共享的口头言辞艺术，具有直接的人民性、口头性、流传变异性、传统性与集体性等特征。民间文学根据其内容主要分为神话、史诗、民间传说、民间故事、民间歌谣、民间叙事、民间小戏、说唱文学、谚语、谜语、曲艺等。民间文学根植于民间生活文化中，因此它的社会功能与专业的书面文学有很大的区别，前者更加接近日常生活，如谚语是劳动人民生活经验的总结，往往十分精简，是劳动人民生产劳动的指南。民间文学中的歌谣，如劳动歌是劳动人民在劳动中调整呼吸、动作以及鼓舞精神的一剂良药。此外，民间文学中还有许多世代相传的古老神话与英雄故事，这些内容不但能传承一些历史知识也可以培养爱国爱家精神，也表达了劳动人民对美好生活的向往。

祁连山青海片区内有11项民间文学类非物质文化遗产项目，所属小类有神话、民间传说以及其他类（图6-47）。其中5项分布于互助县，3项分布于天峻县，2项分布于共和县，1项分布于海晏县。国家级的民俗文化3项，分别为互助县的格萨（斯）尔、拉仁布与吉门索、祁家延西。省级项目有8项，分别是海晏蒙古族民间颂词，互助县的布柔哟、太平哥，天峻县的岗格尔肖合力雪山传说、西王母石室传说、天赐骏马传说、共和县的青海湖传说、日月山传说。

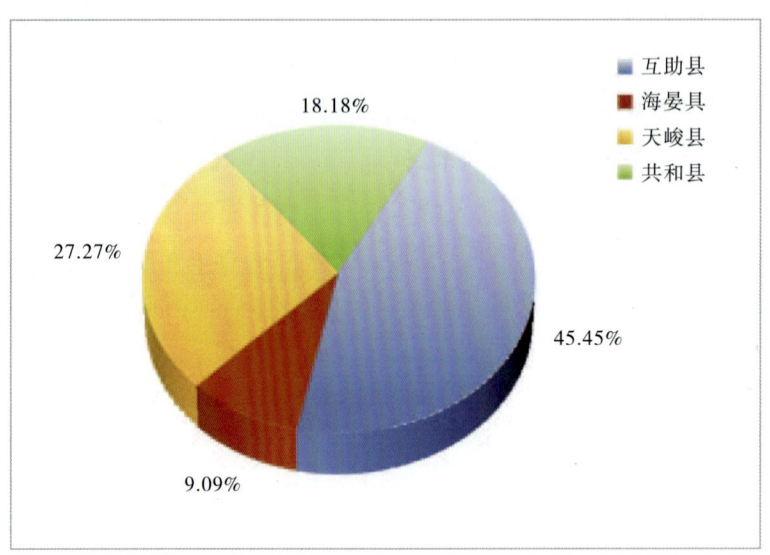

图6-47 祁连山地区民间文学项目分布区域及占比

（1）格萨（斯）尔。格萨（斯）尔是世界上迄今发现的史诗中演唱篇幅最长的，它以口口相传的方式讲述了格萨尔王降临下界后降妖除魔、锄强扶弱、统一各部，最后回归天国的英雄业绩（图6-48）。在结构安排上，有其独特的处理方式，它采用了以人物为中心和以事件为中心相结合的结构方式。具体来讲就是在整体的分章本中以人物为中心，而具体的分部本则以事件为中心，从一个故事派生出另一个故事，不断充实完善，独立成篇，形成新的分部本，就这样大大小小的分部本通过格萨（斯）尔这个英雄人物串联起来，最终形成了卷帙浩繁的大型史诗格萨（斯）尔。这种结构安排最大程度地发挥了说唱史诗的特点，具有灵活多样、增减随意的优点。因此，格萨（斯）尔艺人是史诗最直接的创造者、传承者和传播者，他们绝大多数几乎没读过书，却具有超常的记忆力和叙事创造力，通常的史诗演唱达到几万行乃至几十万行。

图6-48 格萨(斯)尔(来源:青海省非物质文化遗产网)

(2)拉仁布与吉门索。拉仁布与吉门索是土族民间长诗,用土族口语创作并演唱,以口口相传的方式在群众中相沿传袭,至今仍为活态的口头文学形式(图6-49)。

图6-49 拉仁布与吉门索演唱场景(来源:青海省非物质文化遗产网)

这部民间文学作品用生动的形象、深沉悲壮的语言及讲唱的形式记述了穷人拉仁布和牧主的妹妹吉门索的爱情悲剧,两人从雇主关系发展到热恋关系。由于吉门索兄嫂的百般阻挠,这对恋人的爱情终归于失败。全诗以讲唱为主,共分 8 个章节,是土族群众最喜欢演唱的一首叙事情歌,在不同的流传地区有不同的风格。在演唱方式上,拉仁布与吉门索以男女对唱为主,但不同于一般问答式对唱。演唱的曲调独特,结构清晰,层次分明。

(3)互助县的布柔哟。布柔哟是土族民间叙事长诗,"布柔"土语为"牛犊"。布柔哟讲述了母牛和牛犊的故事。母牛和小牛相依为命,在平滩里过着清贫的日子,小牛嫌"滩里的牧草太短,滩里的牧草长得硬,滩里的牧草长得苦",请求妈妈带它到山里去吃草,妈妈劝阻说:"山里的牧草长得高,山里的牧草长得软,山里的牧草长得甜,可山里的豺狼厉害呀!"小牛不听妈妈劝阻,独自上山遇到豺狼,母牛听到小牛的呼救,奔上山去与豺狼搏斗,小牛脱险,而母牛却被豺狼吞噬。小牛悲痛欲绝,悔恨交加,依然在滩里吃着苦草,喝着污水,过着饥寒孤独的日子。

(4)西王母石室传说。西王母石室位于天峻县关角乡,石室位于关角山口南部。关角山拔地而起,形似乳头状,石灰岩质,中间有溶洞面积约 $80m^2$,是青海湖退缩时形成的溶洞之一(朱世奎,2006)(图 6-50)。现今,据我国台湾学者考证确定该石室为西王母石室,由台籍华人筹资装饰石室,修建庙宇,塑造神像,佛前相依,汉藏共奉,其乐融融。

西王母是中国历史文化传统中一个非常重要的神祇形象,西王母信仰来自远古,绵延至今。据历史记载,青海湖在古代也叫"仙海"或"瑶池"等,被视为西王母的居所,在湖边曾建有西王母祠,专司祭祀(曾江和张春海,2011)。在今天的青海湖环湖地区,不但有许多与西王母信仰有关的历史文化遗存,而且西王母至今仍受到民间的敬奉,香火不绝。汉代班固在《汉书·地理志》中记载道:"临羌,西北至塞外,有西王母石室、仙海、盐池。北则湟水所出,东至允吾入河。西有须抵池,有弱水、昆仑山祠。莽曰盐羌。"这些地名也成为后世学者考证的焦点,至今仍讨论不绝。

图 6-50　西王母石室外景图（天峻县文化馆供图）

据传说，西王母石室门旁有象征"甘珠尔经"的整齐石条108块，长约112 m，宽0.7 m，高0.9 m，呈长方形，中间留有门（图6-51），故称此石室为"甘珠尔石室"。石室北侧的大山称"甘珠尔山"，石室所在的那条深沟谓之"甘珠尔沟"。20世纪60年代青藏铁路西进勘测之际，所有甘珠尔石经被拉去修路，已不见踪影。

图 6-51　西王母石室内部图（天峻县文化馆供图）

现今,《汉书》《史记》中记载的西王母神话、传说、记事很多,且家喻户晓,流传广泛,内容纷繁复杂。涉及中国上古史、民族史、地理沿革以至中西交通等方面的问题。西王母被道教尊为神仙后,称呼亦增了许多,有"西王母""西母""瑶池金母""天生皇西王母""金母""西姥""瑶池阿母""王母娘娘"等。

(5)岗格尔肖合力雪山传说。岗格尔肖合力雪山的主峰海拔5174 m(图6-52),是海西天峻最负盛名的人文历史名山,有人认为《山海经·海内西经》中的"海内昆仑之虚在西北"实指此山。其在西羌时期,被称作羌日母山,在吐蕃时期被称作辰达山。岗格尔肖合力山系的众多山峰常年冰川覆盖,发育有众多河流。

图6-52 岗格尔肖合力雪山(天峻县文化馆供图)

岗格尔肖合力雪山是环青海湖的十三座名山之一。有关这座山的历史记载很多。如《甘肃通志稿》记载:"阿木尼厄枯山,在青海湖西北二百余里。其山甚大,亦十三山之一";《青海地志略》记载:"布喀河,源出青海西北阿木尼厄枯山南";班固在《汉书·地理志》中记载:"西北(至塞外),有西王母石室、仙海、盐地。西有弱水、昆仑山";《佛图西域志》中说"阿米辰达山,其上有大渊水,即昆仑山",上述均指岗格尔肖合力雪山。

9. 民俗

民俗即民间风俗,是广大人民创造、享用和传承的生活文化,与我们的生活息息相关,是时代积累而成的集体创造。风俗起源于人类社会群体生活的需要,在特定的民族、时代与地区中不断形成、演变与扩张,为民众的日常生活服务。在中国的传统文化中,民俗是重要的组成部分并在特定的环境中传承,因此我国的民俗具有独特的文化性质,如民族服饰、节日时令等。民俗无论是从口耳相传的文化形态、肢体表现形态、手工记忆形态还是文化空间形态都是集体创造的,也在民众的日常生活中被选择、叠加、扬弃与创新中不断得以传承,是一个国家、民族的文化根基。民俗主要包括物质生产民俗、社会组织民俗、岁时节日民俗、人生礼仪、民间信仰等。

祁连山青海地区内的民俗类非物质文化项目共23项(图6-53),其中国家级民俗文化5项,分别为土族婚礼、土族服饰、抬阁(芯子、铁枝、飘色)、藏族服饰、德都蒙古全席。省级民俗文化项目18项,分别为华热藏族婚礼、青海华热服饰、回族婚俗、互助土族口邦口帮会、威远镇"二月二"擂台庙会、土族民间法舞、土族"背口袋"饮食习俗、威远朝山庙会、互助卤猪肉宴、土族背经转山会、大通老爷山朝山会、化隆香里胡拉村"护化"庙会、西海拉卜则祭、刚察藏族婚俗、阿柔招婿习俗、朝青海湖习俗、湟中加牙"四月八"庙会、茶卡盐湖祭湖。这23项民俗项目所属小类为人生礼仪、岁时节令和民间信仰。

祁连山青海地区内的民俗类非物质文化遗产空间分布呈现出明显的不均匀特征,各县域内民俗类的项目数量相差较大,分布地域主要有互助县、门源县、湟中区和刚察县。其中互助县 9 项，占民俗类总数的 39.13%；门源县 4 项，占民俗类总数的 17.39%；湟中区和刚察县各有 2 项，占总数的 8.7%；大通县、海晏县、化隆县、祁连县、乌兰县和德令哈市各分布 1 项，占比均为 4.35%。

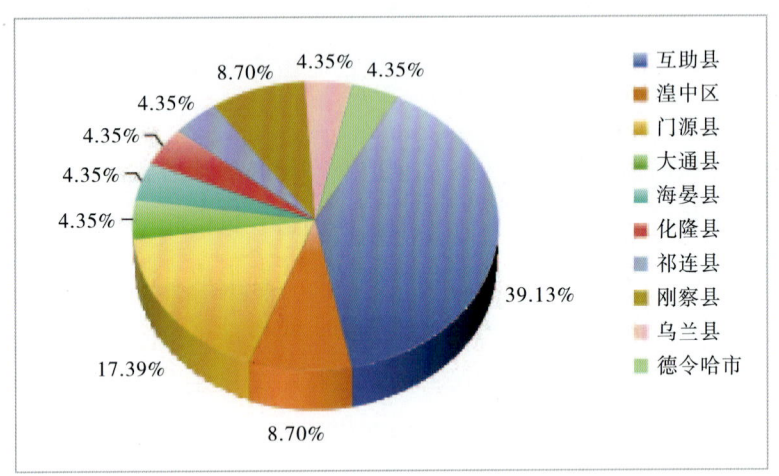

图 6-53　祁连山地区各地级市民俗项目分布区域及占比

（1）土族婚礼。互助土族地区流传的土族婚礼习俗源远流长。它是土族人民在与自然界的斗争和长期的生产生活的实践中逐步形成和发展起来的，是在载歌载舞活动中完成的，是土族劳动人民集体智慧的结晶。

整个婚俗分四个步骤，第一步是说媒，第二步是定亲，第三步是讲礼，第四步是结婚仪式（图 6-54）。结婚的前一天是女方的出嫁之日，需宴请亲朋好友，男方则在这一天下午请两名能歌善舞、能说会道的"纳什金"（即娶亲者）带上娶亲的礼品和新娘穿戴的服装、首饰，拉着一只白母羊（象征着纯洁和财富）到女方家娶亲。此时，女方家故意不给纳什金开门，并由阿姑（年轻女子）唱起悦耳的"花儿"，让纳什金对歌，还从门顶上向纳什金身上泼水，以示吉祥。直到阿姑们被唱得无歌以对或者是娶亲人词穷时，女方才肯开启大门将纳什金邀至家中。随后，由新郎向岳父岳母敬献哈达，拜神佛，礼毕上炕喝茶、吃饭。此时阿姑们拥挤在窗口唱起婚礼曲，气氛热烈欢快，紧接着阿姑们冲进屋里拉起娶亲人到庭院或麦场上去跳安昭舞。整个婚礼一直进行到深夜才结束，其间所涉及歌舞的种类近 20 种，一场土族人的婚礼就是一次欢乐的歌舞盛典。

图 6-54　土族婚礼（来源：青海省非物质文化遗产网）

（2）藏族服饰。门源县华热藏区，自古以来就是多民族聚居之地。华热意为英雄的部落或地区种姓，相传这个部落在松赞干布时代及唐代由青海阿尼玛卿雪山脚下东征而来，最终留居在门源等地。后历经宋、元、明、清等朝代，在与当地羌人、吐谷浑人、鲜卑人、蒙古人、汉人的交往融合中，形成了后来的华热藏族。这个部落自明、清后一直身处群山幽闭的林区以及广阔的草原，最终形成自身独特的民俗文化，尤以鲜明的服饰文化特征而闻名于众多民俗文化之中。

华热藏族的衣着以羊皮羊毛料为主，冬季男女皆穿藏袍，藏袍的基本特点是宽、长、大，这种衣服袖长等身，衣长过体，不用纽扣，男袍在穿着时上提到膝部，女袍穿着时上提到与脚面为齐，再用长带从腰间束紧。劳作时袒露右臂，右袖空垂于后，怀中可揣许多随身物件，而且日穿夜盖，方便自若。

夏季男服多为白色褐衫或紫红色氆氇褐衫（白色褐衫最为珍贵，现在在华热藏区很难找到，所现拍摄到的唯一一件是西宁一位藏族老人所珍藏），两侧有八寸的开衩，开衩处沿黑色布边，似桃形图案。制作材料是羊毛，用手工捻成极细的线，再用织布机织成布匹，并制成服装。

在平时穿称"子花"的白板皮袄。因屠宰绵羊的季节不同，有秋板皮、冬板皮之分，按毛的长短和皮板的厚薄，缝制不同季节穿的皮袄。男式一般是黑布、黑条纹镶边或不镶边，饰以白羔皮外翻的斜长领，比较讲究的以狐皮做领，氆氇、羔皮或棕色的马驹皮镶边（图6-55）。

擦日即吊面的羔皮袍，是高级服装。毛有白和青紫两种，尤以青紫为贵。皮板有毛短而卷曲的冬羔皮，毛长适中呈穗状的二毛皮，毛长板薄的长大毛皮。最上乘者以团花和起花锦缎作面，豹皮作领，水獭皮饰边的礼服。一般皮袍以毛料、绒布、棉布作面料，多选用纯黑、紫青、墨绿、碧蓝、咖啡等颜色，用狐皮、白羔皮作领，氆氇锦缎作边饰。另外还有布袍，分双层夹袍和絮羊毛棉袍两种，布袍多为布、条纹作面料，也有用绸缎缝制并镶有水獭花边的。

贴身的内衣叫"晚袭"，竖领、斜襟、长袖，袖子一般长过手指，长出部分挽起，使用金、银、铜等金属纽扣。

图6-55 华热藏族服饰及帽子（门源县文化馆，2018）

华热藏族在夏天戴称"项夏下冬"的帽子,即嵌黑边、顶缀红缨的尖顶毡帽。冬天戴叫"四片瓦"的四耳皮帽和以绸缎做面、后有缺口、缀两条飘带的"砖包城"狐皮帽。仙米、珠固地区还流行嵌有铜、银质的顶座,上缀红缨穗的白色高筒毡帽,称作"车下",后来被礼帽和"北京滚头"帽所代替。男、女都穿用牛皮制作的长筒、厚底、圆头、鞋尖上翘的藏靴。

妇女佩饰:已婚妇女将头发梳成108条小辫后汇成双辫,装入一双长辫筒内,垂于胸前,压于腰带下,长及膝盖或达衣襟脚面(图6-56)。走亲、节日时戴长辫筒和大耳坠子,平时戴长至膝盖的短辫筒和小耳坠。辫套以黑平绒为面,里衬红布,下端缀以红缨或黑缨,上、下口以锦缎做成,每个辫筒正面各嵌有精细图案的银牌8枚,左、右两侧共16枚。若无银牌,则用各色丝线刺绣的14块图案代替。花式大多采用"藏八宝"(即伞、双鱼、瓶、莲、幢、螺、轮、吉祥结)点缀。银牌及图案有长方形、正方形和圆形几种,脖子上带珊瑚、珠玉、玛瑙、松耳石等串成的项链,耳戴银制缨络式大耳坠,喜戴金、银制或玉石象牙、铜制手镯。戴2~4个银制的"马鞍桥"式戒指,上嵌以松石、珊瑚等。胸前多佩有银制或铜制的佛匣,称"嘎吾"。

图6-56 青海华热藏族服饰图(门源县文化馆,2018)

未婚姑娘将头发辫成若干小辫，汇为一辫垂于脑后装入单辫筒内，上缀银牌或银元、铜元等饰物。过去男子也喜饰物，一般左耳戴大银环，手上戴戒指，贴胸佩戴"嘎吾"（佛像），腰间佩腰刀、火链、旱烟袋等。

华热服饰保留了华热藏族以民间信仰为特点的民间传统文化，是研究华热地区民众世界观和生活状况的重要依据，在民俗学研究中有着不可替代的作用。它保留了众多民间艺术、民间手工艺的原生形态并传承了各种民间艺术形式，其存在对保护民间文化有重要作用。

（3）华热藏族婚礼。华热藏族婚礼习俗，较完整地传布于青海省门源县东部的珠固、仙米两乡，也就是现在的仙米国家森林公园区内（马学智，2018）。原生态的华热婚俗主要内容分为：①自由恋爱。②邀请深晓礼仪、德高望重的男性媒人做媒，由舅舅做主议婚及宴客。③姑娘在出嫁前三天开始禁饮食。④姑娘出嫁前一天设"女儿席"，举行改发仪式。⑤送亲仪式包括给姑娘梳妆打扮、朗诵祝辞，上马仪式、唱哭嫁歌。迎亲仪式为男方在迎亲路上设三道迎亲路席，送亲队伍和迎亲队伍举行叼帽子骑术比赛。⑥新娘在喜帐门前举行的进帐仪式。⑦婚礼仪式包括德高望重的长者讲唱长篇赞美诗与祝婚词、设喜宴，举行赛歌敬酒晚会，第二天清晨举行新娘洗手仪式，行敬神佛礼，敬茶礼仪式，索萨（羊肩骨）仪式、尕什杂（祝福）仪式。⑧《吉祥祝福》歌声中举行的送别仪式。

华热藏族虽然同属于藏民族，但其文化与其他区域藏族的民俗文化不尽相同。无论是在藏语方言和婚丧节庆的礼俗上，还是生产、生活习俗上都有很大的差异。华热藏族的婚俗是华热藏族人民传统民俗文化的突出而集中的表现形式，蕴涵着华热地区藏民族的精神、文化、风俗等。婚礼全过程中的祝辞、说辞和唱词中，保留了丰富的历史故事和格言、名言歌曲等，展现了华热藏族悠久的传统历史文化。而且婚礼的诸多礼俗都保留至今，其独特之处主要有以下几个方面：

①浓郁的地域特色。华热藏族的婚俗有极强的地域特色，其中保留了诸多母系社会的遗风，如婚前的自由交往，恋爱议婚仪式皆由舅舅做主，

迎亲时对新郎泼水惩罚，婚宴上舅舅居于最尊贵的位置，新婚夜男女不同房，婚礼后新娘不住夫家等。

②浓郁的民俗文化特色。婚礼中有着浓厚的民俗文化色彩，从择日、举行婚礼仪式中的煨桑、祭神、敬佛乃至赞神诵佛的祝辞等形式，无不与民俗文化紧密联系在一起。

③婚俗中语言的文字特色。除了极常见的敬酒、献哈达等礼俗，从说亲议婚到隆重的婚礼仪式，华热藏族非常看重祝辞语言和"丹慧""卡慧"（即谚语、格言、名言）的应用。如挑选的媒人首先要具备语言表达天赋，议婚仪式上的说辞就是一篇优美的诗章，而且要有能说一天不重复比喻词句的本领。特别是婚礼上的"董雪"（致辞人），更要具备声情并茂地发表由近百段短歌组成的祝婚辞的本领。有的"董雪"在致辞时妙语连珠，如丸走板，滔滔不绝。对于这些千古流传的华美诗章，宾客们洗耳恭听。当"董雪"用诗的语言表达各种美好祝愿时，宾客中有人不时振臂高呼"真如说的这样应验啊"，接着在场众人同声喊出"就这样应验啊"的呼应声，众人被深深打动和吸引（图6-57）。

图6-57　华热藏族婚礼图（门源县文化馆供图）

④丰富的歌曲内容。华热藏族的整个婚礼过程，从恋爱开始的对歌议婚仪式中的唱歌敬酒、对歌，再到结婚仪式无不颂诗唱歌。歌词内容十分广泛，歌颂与音乐形式纷繁多样，旋律有的低沉、有的高昂、有的委婉曲折、有的爽朗明快，曲种多达60余种。

（4）回族婚俗。门源回族婚俗既吸纳了当地其他民族文化和习惯中的一些成分，又结合当地的地理、气候、经济等条件，在近半个世纪以来逐渐形成，是独特的民族婚俗。

13世纪，元蒙西征西域时，有一些士兵留居门源，后与当地女性成家立业，当时的婚俗中有着浓厚的地域色彩。明初朱元璋进取西北时，江淮回族将士中多数留居青海，后有的移居门源，于是回族婚俗中不免融进江南风味。明朝正德年间一些西域人定居门源，使这里的婚俗又添进了不少西域成分。清朝顺治、雍正时期以及后来在屡次反清起义战争中失败的将士，有许多人流落在门源，门源婚俗又增添了一些陕甘特色。直至19世纪初门源回族"八大庄"形成，回族人口增多，居住稳定，婚俗也在岁月的流逝中逐渐约定俗成，直到新中国成立，与现代文明进一步接轨（马文慧，2013；喇秉德和马小琴，2009）。

门源地区回族的婚姻嫁娶可以概括为三个阶段和八个步骤（图6-58）。第一个阶段是婚前准备，有提亲、订婚、吃菜、提话等四个步骤。提亲也叫"送占包""说媳妇"，即婆家将德高望重的合适人选为媒人，到女方家去提亲，试探女方家的口气，看女方家有无允许配姑娘的意思。第二阶段是吃宴席，即结婚办喜事。这是一桩婚姻的高潮部分，结婚前两天，媒人将提话时已经讲好的条件，如迎娶衣服等如数送到女方家，并送去一只上等活羊。至此，婆家花费财物基本结束。新婚喜事的第三阶段是送饭、回亲和坐娘家。新婚第二天是娘家人来送饭吃席的一天，这一天一大早在送饭的客人没来之前，先由新女婿、陪客给长辈们问好，接着送亲的带领新媳妇拜见长辈和兄嫂们，在观看新媳妇长相、身段和穿戴的同时，免不了或多或少地把赏钱放到新媳妇的手里。

第六章 祁连山地区生态文化

图 6-58　回族婚俗娶亲图（门源县文化馆民俗文化宣传资料册）

门源回族婚俗具有以下几个特征：①群众性。它是回族人民生活中的一件不可缺少的大事，是人到成年的一个里程碑，事关家家户户，事关成年的男男女女。②完整性。门源回族婚俗中的三个阶段八个步骤，基本上固定了婚事全过程的框架，减一环节不行，加一环节多余，多少年来形成了规纲，很少改变。③娱乐性。新婚喜事常具有一些文艺活动，其中"叼帽子"是一次热闹非凡的赛马活动，而"宴席曲"则是将歌舞融为一体的文艺表演，这在文化娱乐较单调的回族民众中难能可贵。④适应性。整个新婚过程与地区条件十分贴切，马拉轿车便于山行，大锅熬饭合乎庄稼人口味，银货首饰很受回族妇女喜爱，"叼帽子"赛马等宜于在广阔田野和草原上进行。

（5）阿柔招婿习俗。阿柔部落作为青藏高原安多六大部落之一，以其富有鲜明特征的民族民间文化资源成为青海乃至整个藏区的典型代表。阿柔部落有着极其深厚的民间文化底蕴，较完整地保留了原始婚俗，受到藏学家和民俗学家的高度关注（聂文虎，2013；王云，2010）。阿柔婚俗主要包含三个部分，分别为"串帐"、婚礼上的原始仪式与婚后回门。

①"串帐"。阿柔部落在定居以前普遍存在着暮合朝离的"串帐"习俗，当青年男女可以谈婚论嫁了，父母给女儿单独立帐，女儿可以接受男

朋友的拜访。通常为青年男女白天约好，而到了晚上，女子则在自己家等候男子，男子在夜晚上门并留宿于该女子帐中，次日清晨又回到自己家去。在经过约两年的自由恋爱生活后，两人即可正式结婚。阿柔部落的"串帐"习俗与整婚实质上是女系氏族社会文化的遗留。

②婚礼上的原始仪式。婚礼上的煨桑、"罢丹""打茶"等习俗是古老的原始仪式。阿柔婚俗延续了藏区婚嫁都要经过的提亲、订婚、送亲、迎亲、婚礼、婚后回门等传统习俗。说亲或提亲是整个婚姻缔结过程中一个带有程序化的仪礼，阿柔婚俗——招婿中的提亲人不得由家人担当，而由女方家亲朋中或村中有较高威望的人担当。婚礼要经过严格的传统顺序，如：喇嘛或高僧卜卦选择吉日举行定婚、结婚、回门等（图6-59）。阿柔婚俗"招婿"中最具特点的属送礼：父母根据自家的条件置办嫁妆，条件好的一般送100多只羊，几十头牛，一匹配有全套马鞍的马，再加上亲戚朋友送的祝婚礼物和穿戴（包括皮袄、西服等），价值不等。招女婿是女方家中没有男孩或男孩结婚后自立门户的，所以女婿招进来之后就要担起养家糊口的责任，而女方家也会将手中的权力全部交给女婿，视女婿为亲生儿子。所以，祁连阿柔的招女婿就如娶媳妇一样，没有一点羞辱或不妥的感觉。

图6-59 阿柔婚俗里的阿柔招婿（青海省民俗文化名录图典，2012）

"董斜"（道吉祥）结束后，要进行阿柔地区特别讲究的一种习俗叫"卡嘎旁夏"（抢肉）。送亲的男人和迎亲的女人开始抢夺事先准备好的两只完整的羊，双方要尽全力，奋力拼搏，直到一方胜出，然后把剩下的一只全羊分送给前来祝贺的亲朋好友，接着喜筵才正式开始，客人们相互敬酒献歌，共同举杯为一对新人祝福。在阿柔婚俗中最能吸引群众、活跃气氛的算是逗曲"希合"，其内容丰富、歌调悠扬，男方家与女方家相互对唱，直到天亮。

③婚后回门。第三天一早，新娘、新郎随"巴哇"（即媒人）及陪娘一起回门。新娘回到娘家居住一段时间后，才可回到婆家，正式步入婚后的生活，这是典型的安多藏区婚俗中的"从妻居"和"不落夫家"的历史遗留。

（6）德都蒙古全席。德都蒙古全席是蒙古族盛宴习俗文化的最高境界。德都蒙古全席综合了三大宴席，即须弥尔席（白食盛宴）、全羊席（红食盛宴）和图德席（素食盛宴），作为蒙古族最古老、最隆重、最丰盛的宫廷宴，只在盛大宴会、隆重接待贵宾、举办婚礼时才能举行（图6-60）。德都蒙

图6-60 德都蒙古全席（来源：海西蒙古族藏族自治州文体旅游广电局）

古全席盛宴开始前，要举行隆重的仪式：拜天、拜地、拜祖先，颂"巴颜颂祝词"，唱"朝廷歌"、"节庆歌"（盛宴三歌）等。据记载，成吉思汗初定天下后，曾多次大宴功臣，设的就是"蒙古全席"庆功大宴；蒙古族"夏季祭湖"暨"宫廷盛宴"（包括白食宴、红食宴、素食宴）还是元朝开国皇帝忽必烈制定的四季节庆盛宴之一。可以说"德都蒙古全席"是蒙古族从古至今以活态形式传承下来的独特习俗，它不仅是蒙古宫廷盛宴礼的延续，也是草原游牧文化的活化石，更是蒙古族传统文化的典型代表。

二、新兴生态文化

（一）生态教育基地

1. 祁连山国家公园野生动物救护繁育站

祁连山国家公园野生动物救护繁育站致力于野生动植物的救护和繁育工作，为公众提供了了解和学习祁连山地区生物多样性的平台（图6-61）。该救护站位于海北藏族自治州祁连县阿柔乡草大板村，占地面积3678 m^2，总建筑面积为2002 m^2，包含野生动物救护中心主楼、生态教育中心、野

图6-61　祁连山国家公园野生动物救护繁育站

生动物康复区等。野生动物室内外舍分别设有食草类动物、肉食类动物、一般鸟类动物等区域。各功能区域分为救护区域、繁育区域、综合服务管理及附属设施区域。繁育站自 2022 年 7 月运行以来，共救助了 33 种 158 只野生动物，包括兽类 53 只、鸟类 105 只，有黑颈鹤、荒漠猫等国家一级保护动物。

2. 祁连山国家公园冰沟基地陈展中心

祁连山国家公园冰沟基地陈展中心位于海北藏族自治州祁连县八宝镇冰沟风景区附近，于 2020 年 9 月完成布展工作并试运行，是一个集展示、教育、科研等多种功能于一体的现代化展览中心（图 6-62）。展厅总建筑面积 3000 m²，分为上、下两层，展陈中心以展示国家公园体制试点探索经验和创新成果为主要内容，全面展示了祁连山国家公园候选区的自然风光、生态系统、生物多样性以及保护管理成效。内部展陈板块共分为序章、历史文化名山、地理名山和国家公园 4 个部分以及地理范围、多元文化、中国湿岛等 16 个板块，内容翔实，信息丰富。

图 6-62　祁连山国家公园冰沟基地陈展中心

3. 祁连山国家公园生态科普馆

祁连山国家公园生态科普馆是青海省首个以国家公园为主题的自然类科普馆（图6-63），位于海北藏族自治州门源县仙米乡桥滩村，于2023年5月27日正式开馆。科普馆总建筑面积2060 m^2，其中展厅面积约1650 m^2。科普馆内设有巍巍祁连、中国湿岛、多彩生命、历史使命、科普影院、文创教学6个展区。通过丰富多样的展览方式，展现了中国国家公园的探索步伐，全面解读祁连山国家公园候选区的生态系统，并充分展现了祁连山国家公园生态保护的丰硕成果。

图6-63　祁连山国家公园生态科普馆

4. 青海湖仙女湾自然教育基地

青海湖仙女湾自然教育基地位于海北藏族自治州刚察县以南16 km处的青海湖西北岸，占地面积1.03万 m^2，属于青海湖国家级自然保护区的实验区，是典型的湖滨沼泽湿地（图6-64）。基地内水生植物丰富，植被覆盖度高达95%，是众多生物的栖息和繁衍场所，也是棕头鸥、鸬鹚等数十种鸟类和大天鹅的夏季栖息。基地内有5处自然教育平台，为自然教育活动提供了专门场所。

图 6-64 青海湖仙女湾自然教育基地

5.刚察县普氏原羚科普研学教育基地

普氏原羚科普研学教育基地位于青海湖北岸的海北藏族自治州刚察县哈尔盖镇，邻近国道 G315，成立时间为 2007 年 12 月。基地设有游客服务中心、普氏原羚科普馆、瞭望塔、生态停车场等建筑设施。该基地以普氏原羚为特色（图 6-65），通过展示普氏原羚的生活习性和保护现状，向公众普及珍稀野生动物的保护知识，提升公众对野生动物保护的认识和责任感。

图 6-65 普氏原羚

6. 祁连山国家公园老虎沟管护站

老虎沟管护站位于海北藏族自治州门源县,所在区域拥有较为丰富的生态系统,包括森林、冰川、湿地等,是多种野生动物的栖息地。2022年,青海省门源地区发生6.9级地震后,管护站受到了一定程度的损坏,为此祁连山国家公园青海省管理局投入大量资金进行灾后恢复重建工作。经过修复,老虎沟管护站已正常投入运行。这一工程不仅保障了管护站的安全稳定运行,也为祁连山国家公园的生态保护工作提供了有力支持。

7. 青海湖哈尔盖生态保护站

哈尔盖生态保护站位于青海湖畔,近些年一直致力于青海湖的生态保护工作,每年可见多种野生物种,如鸬鹚(图6-66)等,这里也是普氏原羚种群数量最多的区域,因此也被称为"羚羊小镇"。该保护站始建于2012年,至今已有十余年的历史,是青海湖国家公园中的重要站点。经过青海湖自然保护区管理局及相关部门近20年的努力,普氏原羚野外种群数量从不足300只恢复至3000余只,野外种群数量恢复近10倍,哈尔盖生态保护站对这一成果的实现起到了重要协助作用。

图6-66 青海湖鸬鹚

8. 哈里哈图森林公园

哈里哈图森林公园位于海西蒙古族藏族自治州境内,由南北两部分组成,总面积为 5170 hm²(图 6-67)。公园位于柴达木盆地荒漠区,是西北干旱地区海拔最高的森林公园,也是海西州保存最完好的天然林之一。园区内雪山草地、森林溪流交相辉映,构成一幅天然美景图,这里植被繁多,野生动物分布广泛,是开展生态教育和自然观察的理想场所。游客可以在此体验自然之美,了解生态系统的复杂性和多样性。

图 6-67 哈里哈图森林公园

9. 互助北山林场

互助北山林场是青海省森林面积和蓄积较大的天然次生林经营林场,地处海东市互助县东北部,祁连山东端,大通河中下游,祁连山支脉冷龙岭南域,支脉达坂山北坡,林场南北跨度达 40 km,东西长约 60 km,海拔 2071~4322 m(图 6-68)。总占地面积为 11.27 万 hm²,有林地面积 4.52 万 hm²,是一处集自然资源与生态保护于一体的重要林场。该林场是黄河上游水源涵养林区,2004 年被青海省区划界定为国家生态公益林,是青海省重要的天然生态屏障,在维护全省区域生态方面发挥着不可替代的作用。林区内高等植物多达1209种,国家重点保护植物51种,省级重点保护植物31种。此外,林区内野生动物219种,隶属24目63科,其中两栖类1目2科3种,爬行类1目2科2种,鸟类17目44科177种,哺乳类5目15科36种。其中,国家一级重点保护野生动物14种,国家二级重点保护野生动物39种,中国特有20种。互助北山林场凭借其丰富的自然资源和独特的生态环境,成为青海省自然教育基地之一,这里不仅为公众提供了亲近自然、认识自然的机会,还通过科普教育等方式,引导公众热爱和保护自然。

图 6-68　互助北山林场

(二)科普宣传

1. 国际雪豹日研学活动

2024年10月23日,在第十二个"国际雪豹日"到来之际,祁连山国家公园候选区生态科普馆联合门源县第二小学开展以"讲好国家公园故事,铸牢中华民族共同体意识"为主题的科普研学活动(图6-69),此次活动由来自门源县第二小学的400多名师生参加,这不仅是一次对雪豹等珍稀野生动物的科普学习，更是一场铸牢中华民族共同体意识，增强生态保护意识的盛会。

图6-69 "国际雪豹日"研学活动现场图

本次研学活动采用了"馆内讲解教学＋户外探索体验"的形式。在科普馆内，学生们通过讲解员的引领，身临其境地感受祁连山国家公园候选区的自然资源状况和野生动植物生存环境。活动中，学生们深入了解了雪豹及其他珍稀物种的生活习性、栖息环境以及保护现状。雪豹，这一世界上生存海拔最高的猫科动物，以其独特的生态价值和保护价值成为了学生们关注的焦点。讲解员还结合祁连山地区的民族文化和历史背景，讲述了各民族在保护雪豹和祁连山生态环境方面所做的努力和贡献，激发了学生们对民族团结和生态保护的热情。

在聚阳沟科普教育基地户外体验期间，讲解员带领学生们漫步于铺满落叶的小径上开启了一场探寻"高原秋色"的奇妙之旅。在山坡的不同朝向，讲解员带领学生们对青海云杉、祁连圆柏、白桦等主要乔木进行了近距离的观察，通过讲解其生长特性，学生们了解到秋季植被的生长状态与光照、水分等环境因素有着紧密的联系。通过研学活动，学生们对祁连山国家公园候选区的自然资源和生态环境有了更深入的了解，增强了保护自然环境和野生动物的意识。同时，祁连山国家公园候选区生态科普馆以此次研学实践活动为契机，立足地理优势，加深自然科普教育与学校教育的融合，探索出一条科普宣教的新途径。

2. 中国野生动物摄影展

为进一步宣传"你好！中国"国家旅游形象、展示中国在野生动物保护方面所取得的成就并推广自然生态旅游，由中国驻西班牙大使馆与联合国旅游组织主办，中国驻马德里旅游办事处、马德里中国文化中心、北斗星摄影俱乐部承办，中国银行（欧洲）有限公司里斯本分行支持的"瞬间：中国野生动物摄影展"于2024年10月10日在位于西班牙马德里的联合国旅游组织总部拉开帷幕（图6-70）。联合国旅游组织秘书长波洛利卡什维利、中国驻西班牙大使姚敬、公使衔参赞贺踊、中国驻马德里旅游办事处和马德里中国文化中心主任杨长青以及联合国旅游组织各级官员与媒体代表近百人出席了开幕式。

摄影展中的照片向观众展示了中国丰富的野生动物及其栖息地，通过摄影镜头生动体现了中国在保护生物多样性和生态环境方面所做出的努力，同时也向观众呈现了中国国家公园壮美的自然风光。

图6-70 "瞬间"摄影图

3. 国家公园·生态之美——全省生态摄影、书画展举行

为大力弘扬青海生态文化，全方位、多角度展示青海在国家公园示范省建设中取得的丰硕成果，2024年10月1日，主题为"国家公园·生态之美"

的全省生态摄影、书画展在西宁市海湖新区唐道商业街举行。

此次全省生态摄影、书画展汇聚了众多摄影家和书画家的心血之作，他们用镜头定格"青海生态之美"，一幅幅作品中或是晨曦中野生动物灵动的身影，或是夕阳下壮丽山河的剪影；他们用画笔描绘出对生态环境的热爱与敬畏，一幅幅作品中或浓墨重彩地展现繁花似锦的盛景，或轻描淡写地勾勒山水之间的宁静。这些作品，不仅仅是图像和画作，更是艺术家们对"国家公园·生态之美"的赞歌。这些作品也是呼吁社会公众积极投身保护生态环境的行列中，共同为青海以国家公园为主体的自然保护地体系示范省建设贡献力量。

4. 青海省第 33 届"野生动植物保护宣传月"启动

2024 年 9 月 24 日，青海省第 33 届"野生动植物保护宣传月"活动启动仪式在西宁湟水国家湿地公园举行，活动主题为"保护野生动植物，共筑生态文明之基"（图 6-71）。

图 6-71　"野生动植物保护宣传月"活动仪式现场图

活动中，青海省国家公园观鸟协会负责人介绍了 2024 年青海秋季迁徙水鸟调查情况、西宁植物园讲解员演示了科普剧《丰容合笼，创造生命奇迹》、青海民族大学学生代表宣读倡议书，倡导大家以实际行动做野生动植物保护的倡导者和宣传者（图 6-72）。随后，大家参观了西宁湟水国家湿地公园科普宣教馆，了解湿地公园野生动植物保护情况。

图 6-72　科普宣传活动图

近年来，青海省不断加强野生动植物和栖息地保护，通过开展"清风""网盾"等专项行动，严厉打击破坏野生动植物资源违法犯罪活动，持续开展保护宣传。截至 2024 年底，全省分布有陆生野生动物 665 种，雪豹、普氏原羚、藏羚、野牦牛、黑颈鹤等国家一级重点保护野生动物 41 种，国家二级重点保护野生动物 117 种；全省分布野生植物 109 科 2867 种，国家一级保护野生植物 1 种，国家二级保护野生植物 49 种。

近年来在各方的共同努力下，各类珍稀濒危野生动植物呈逐步恢复趋势。普氏原羚由最初不足 300 只恢复到 3400 只左右、藏羚羊由不足 20000 只恢复到 70000 多只，雪豹数量达到 1200 只左右。黑颈鹤由 1200 多只增加到 2600 多只、白马鸡由 10000 只增加到 19000 只。

5. 第三届自然观察节

2024 年 9 月 8 日—10 日，青海省林业和草原局在祁连山国家公园候选区举办第三届自然观察节，来自文学界、摄影界、教育界、媒体界等领域的 80 余人共赴一场人与自然的盛大约会（图 6-73）。

图 6-73　第三届自然观察节活动现场图（祁连山国家公园青海省管理局供）

在为期 3 天的活动里，嘉宾们在祁连山国家公园候选区生态科普馆、展陈中心、寺沟管护区域、大拉洞管护区域、野生动物救护基地等观察点共同探索自然奥秘，感受自然之美。通过自然观察、专业科普、自然课题、生态体验、分享互动等多种形式，深入了解祁连山国家公园候选区的人文文化、资源特色以及丰富的生物多样性。同时，嘉宾们还走访了祁连山国家公园候选区野生动物救护繁育站，以此了解野生动物救护繁育情况。

近年来，祁连山国家公园青海省管理局在生态旅游、生态体验、自然教育、科普宣传等方面积极进行创新实践，通过多样的形式引领人们走进祁连山，感受祁连山，了解祁连山，增进对国家公园理念的情感认同和价值认同。作为祁连山的品牌活动之一，自然观察节于 2020 年、2023 年、2024 年已成功举办三届。

6. 海北藏族自治州冬季旅游

为全面展示青海湖、祁连山国家公园候选区冬季绝美的自然奇观，感受"大美青海·梦幻海北"独特的冰雪魅力，自 2024 年以来，海北藏族自治州持续创新发展模式，优化旅游环境，统筹州内冰雪旅游资源，以旅游带动、以体育牵引、以文化赋能，组织策划了一系列文化体育惠民活动和冰雪娱乐项目，进一步丰富冬季旅游业态，全面展示青海湖、祁连山冬季绝美的自然奇观（图 6-74）。当年青海省海北藏族自治州四

图 6-74　海北藏族自治州 2024 年冬季旅游启动仪式现场

县结合各自的文旅资源,全力激活冬春季海北冰雪旅游市场,丰富了全州冬春季文化旅游新业态,切实把"冷资源"变成"热产业",全力助推海北藏族自治州冬季旅游"动起来、热起来、火起来",齐声唱响冰"逢"青海湖、雪"漫"祁连山、冬游"趣"海北的冬季旅游主旋律,为海北国际生态旅游目的地的建设发挥积极作用。

(三)文献资料

1. 相关政府文件

近年来,生态文化的相关议题引起了党和国家的高度重视,也引起了社会的广泛关注。同时在当前全球气候大环境多变、文化的交流日趋紧密的背景下,生态文明的重要地位日益凸显。为此,国家于2017年出台《国家公园建设总体方案》,明确要求在国家公园建设过程中,不仅要保护自然资源,还要重视地方民族文化、历史遗址等文化元素。同年新修订的《中华人民共和国文物保护法》提出在国家公园等自然保护区内应当依法保护文化遗产。2019年出台《关于推进全国生态文明示范区建设的意见》文件,强调在生态文明示范区的建设过程中,要注重生态保护与文化传承的结合,支持地方特色文化的挖掘与保护。国家层面的方案、政策的出台和实施为祁连山建设国家公园提供了政策和法律支持。

青海省近些年也在不断努力建设生态文化,出台多个条例与办法,加速打造生态文明高地。2017年,《青海省祁连山自然保护区管理条例》明确祁连山自然保护区的管理目标及保护措施,强调生态环境和自然资源的保护。2019年,《青海省生态文明示范区建设工作方案》强调,青海省在生态文明示范区建设中要融合生态环境保护与文化传承,推动生态文明与文化旅游相结合。2021年,《青海省生态文明建设实施方案》提出要推动生态保护与经济、文化协调发展,强调加强对生态敏感区域(如祁连山)的保护。2021年,青海省发布的"十四五"规划也提出要倡导绿色低碳生活方式,培育生态文化,增加绿色产品和服务供给。2023年11月,为推动青海省自然教育工作,青海批准发布首个《生态学校评定导则》,以推动祁连山国家公园候选区生态文化的研究发展,通过对园区内的自然资源开展相关科普教育活动,让公众在认识自然、了解自然中以自然为师、与自然为友，深入了解和认同保护生态、守护自然的重要意义。2024年5月24日，青海省第十四届人大常委会第八次会议表决通过了《青海省国家生态文明高地建设条例》，并于2024年8月1日起施行。该条例将为推动青海生态文明建设水平走在全国前列，促进人与自然和谐共生发挥重要作用。

2. 论文著作成果

近年来，学界有关祁连山生态保护和发展方面的研究成果较多。在知网上以关键词"祁连山"和"生态"为主题词，共检索到相关研究成果3116篇。其中学术期刊1943篇，会议45篇（国际会议4篇），报纸335篇。发文量整体在2018年开始急剧增长。研究主题主要集中于"祁连山""祁连山自然保护区""国家公园"等，研究内容较多是探讨祁连山国家公园候选区的生态环境保护及其治理、祁连山生态系统服务价值演化、祁连山植被覆盖度和土壤含水量等问题。

例如，马芳以跨区域立法协调为研究视角，探索跨区域立法的构建，为祁连山国家公园候选区脆弱生态环境的整体性保护与系统性修复提供法律依据及保护途径。马娟娟等通过构建评价指标体系，对祁连山国家公园候选区的12个行政区进行生态安全评价，探索该区域的生态环境状况并明确区域生态演变趋势，有助于优化祁连山国家公园候选区管理制度和生态保护措施的制定。胡潇月等将生态补偿标准纳入生态保护—乡村振兴复杂系统之中，探究更适合祁连山国家公园候选区"双赢"目标实现的发展路径。面对生态系统服务退化与人类福祉提升的供需矛盾日益凸显的现实困境，李佳桐等分析了国家公园试点建设过程中生态系统服务与农牧户福祉的耦合协调关系，有助于国家公园的科学管理，也是生态系统可持续发展的内在需求。张百婷等通过测算祁连山地区生态系统服务价值，探究其动态变化过程，从而明确了各土地利用类型与生态系统服务价值变化之间的内在联系，可为祁连山地区生态产品价值实现及生态保护管理等提供基础科技支撑。吴晶晶等定量评估气候变化和人类活动对植被变化的影响，进而评估生态修复工程对于植被覆盖变化的影响程度，对祁连山生态保护和修复具有重要意义。青海云杉是祁连山中段森林生态系统的主要乔木建群种，赵永宏对林木物候与气候的关系进行深入研究和分析，可为水源涵养林可持续经营提供理论指导，对于维系祁连山生态安全有着重要的战略意义。

另外，近年出版的能够助推祁连山地区生态发展的相关图书和著作约26部。如青海省国家公园建设研究课题组出版的图书《青海国家公园建设研究》、兰州大学祁连山研究院的《祁连行》等；相关学者如陈晓良著《祁连山国家公园青海片区人文资源概述》、苏旭著《祁连山国家公园（青海片区）主要种子植物图谱》、安意如著《山河表里——祁连山》、李才文著《祁连山国家公园（青海片区）生态文化研究》、丁文广著《祁连山生态系统安全与适应性管理》、冯起著《祁连山生态系统保护修复理论与技术》、张世珍著《生态系统保护与治理》、寇筱艳著《青海省祁连山地区生态系统服务价值核算研究》等。

3. 自然文学

祁连山地区有雄伟壮丽的自然风光、多元并存的民族民俗文化，更有丰厚的自然资源和生态物种是文学书写的重要对象。从匈奴的古歌"失我祁连山"到李白的"明月出天山"，再到当代著名诗人昌耀的恢弘现代诗，祁连山一直是文学取材不尽的宝库。2023年，青海省林业和草原局和祁连山国家公园青海省管理局主管的"青海省自然文学协会"成立，成为全国第一个成立的省级自然文学协会，协会成立之日发起"雪豹自然文学奖"征稿启事，从全国范围内聘请马步升、杨海蒂、次仁罗布、季亚娅、马钧、郭建强、祁发慧7位作家、文学评论家、文学刊物编辑、生态文学协会负责人、高校文学教授等有声誉、有素养的评委进行征文奖项的评选。征稿在《中国作家网》《生态环境报》《青海日报》等客户端转载，引起全国写作者的广泛关注，2024年奖项公布，鲍尔吉·原野、陈应松、杨献平、胡竹峰等32名来自全国的作家、文学爱好者获得全部奖项。获奖作品中有一半在书写与颂扬祁连山生态文化。

近年来，杨志军以青海元素为写作背景的长篇小说《雪山大地》获得茅盾文学奖，索南才让的中篇小说《荒原上》获得鲁迅文学奖，龙仁青的《次洛的可可西里》《青藏的细节》《唐僧肉》出版发行，李万华以祁连山自然生态为题材创作的散文集《群山奔涌》出版发行，散文集《祁连长风》创作完成计划出版，葛文荣的《重返自然》出版发行，古岳的自然文学长篇散文《与虫子书》出版发行，会员祁发慧的评论集《诠释高原语义——当代藏族汉语诗歌论》出版发行，会员李静的散文集《青色书》被评选为中国作家协会"中国少数民族文学之星丛书"项目，以上书目均与祁连山自然生态密切相关。

另外，协会还邀请《收获》《上海文学》《上海文化》《文汇报》《新民晚报》、译林出版社的资深编辑、记者及部分会员深入西宁动物园、祁连山和三江源的生态保护区，实地调研青海省的自然生态文学书写资源并指导生态文学的写作。协会会员在《人民文学》《收获》《花城》《诗刊》《十月》《青年文学》《清明》《作品》等文学刊物上发表小说、散文、诗歌等20余篇。

同时，协会还积极对接省外作家、编辑、出版人共同参与协会建设。2023年11月，茅盾文学奖获得者杨志军老师得知青海省自然文学协会成立，赞助协会在祁连山国家公园候选区野生动物救护中心设立"自然文学写作体验基地"，经过房间改造、办公器具的添置、生活用具增设，在风光雄伟旖旎的阿咪东索景区内建起集阅读、写作、食宿为一体的自然生态体验基地，为省内外自然文学作家提供深入祁连山体验、感受自然生态的平台。协会还与接力出版社协商沟通，争取到3000册儿童读物的捐赠，分发给祁连山地区各体验中心和个人手中，扩大了协会的影响力。

第二节 祁连山地区生态文化建设的目标与内容

祁连山是中国西部重要生态安全屏障、黄河流域重要水源产流地，地貌涵盖高山、冰川、森林、草原等，是中国生物多样性保护优先区域。党的十八大以来，在习近平生态文明思想的引领下，青海省委省政府坚决扛起保护生态环境的责任，政府于2017年9月批准建设祁连山国家公园，并于2018年10月29日成立祁连山管理机构。祁连山总面积5.02万km^2，其中青海地区面积1.58万km^2。祁连山青海地区建设目标与内容主要体现在以下几个方面：

一、园区生态保护举措日渐完善

保护好青海生态环境是"国之大者"。青海省在国家公园体制试点、建设和管理过程中始终坚持把党中央的重要指示批示作为根本遵循，立足"三个最大"省情定位和"一优两高"的战略部署。祁连山青海地区立足国家公园体制试点方向性、发展全局性、突破性，从政策、立法、规划等多方面创新制度治理，实现源头预防、过程管控、赔偿机制、责任追究等关键环节的严格落实。在坚持生态优先原则的前提下重点建设生态保护工程区植被覆盖度明显提高，初步遏制了生态系统退化趋势。此外，基本建立了统一的国家公园管理体制；编制完成总体规划，明确了功能区划、建设布局、治理体系和社区发展战略；编制完成了专项规划；制定了相关管理制度、办法和标准，历史遗留生态环境破坏问题逐步得到解决，水土保持功能增强；基本建立了权属明确、监管有效的资源管理制度，中央政府对国有自然资源资产直接行使所有权，建立了自然资源有偿使用制度；建立了以财政投入为主的多元化资金保障机制；基本建立了多层次保护体系，森林、草原和湿地质量、水源涵养能力提升，雪豹等旗舰物种栖息地适宜性和联通性增强。通过一系列举措的实施，该地区国家公园生态价值与优势日渐凸显且向良好态势发展。

二、生活生产方式转变与绿色发展

祁连山青海地区以自然保护地为主体系统，立足祁连山地高原特色、民族聚居地、生态功能区的实际发展需求，通过理论宣传与科普教育引导牧区人民群众生产生活方式的绿色转型，以生态文明思想为指引，做到传统生态文化与现代生态文明相统一，依托青海省"四地建设"时代契机，在助力产业新发展中成为一张靓丽的名片，为新时代推进生态文明建设提供了借鉴。

三、依托资源禀赋改善民生

祁连山青海地区管理机构自成立以来，实施严格的人口管控措施，在核心保护区域、重要生态区域及廊道实行生态移民，在养老、保险医疗等方面给予政策支持，不断健全和完善社会保障机制，引导和帮助农牧民实现生产生活转型。在 2020 年前基本完成了生态移民搬迁等试点工作，以生态环境保护和改善民生福祉联动发展的模式推动生态惠民政策落地见效，园区牧民依靠生态红利进一步改善了生活质量，更多的牧民主动参与到生态保护中来，广大人民群众对国家公园体制建设成效的认同感、满意度明显提高，传统民族生态文化得到保护、尊重和进一步的推广，推动了牧区发展、维护了社会稳定。同时，园内牧民世代生活在青藏高原，对脆弱的高原生态环境与珍贵的自然资源的深切体验，形成了关于自然、人生的基本观念和生活方式，形成了敬畏自然、顺应自然的朴素生态理念并世代相传，创造了与自然环境相适应的生态文化，并在世代传承中不断赋予时代精神，也成为了中华优秀文化的重要组成部分。

第三节　生态文化助力国家公园建设的价值与意义

青海省认真贯彻党中央的决策部署，完整、准确、全面贯彻新发展理念，牢牢把握青海省在全国发展大局中的战略定位，充分发挥自身优势，坚持深化改革、扩大开放，坚持生态优先、绿色发展，坚持民族团结、共同富裕，在推进青藏高原生态保护和高质量发展上取得更大进展，奋力谱写中国式现代化青海篇章。青海省以打造生态文明高地为抓手，统筹抓好高水平保护和高质量发展，在持续打通"绿水青山"和"金山银山"双向转换通道的过程中，生态文化是不可或缺的重要组成部分。

生态文化还是祁连山体现国家代表性和世界影响力的重要载体。祁连山人文历史底蕴深厚、资源类型丰富多样，既有特色鲜明的敦煌文化、河湟文化等，同时也有多民族相融共生的文化在这里相互交流、交往、交融，成为了祁连山的文化魅力。通过标准、规范、系统化建设其生态文化，强化了祁连山青海地区的文化内涵建设，有力提升了国家公园治理水平，为全国提供了可复制、可推广的成功经验，同时也为青海"国际生态旅游目的地建设"提供了强有力的支撑。

1. 生态文化的影响力与价值

生态文化蕴含着人与自然和谐共处、共生共荣的文化形态，不仅有深厚的历史底蕴，更拥有着穿越时空的影响力与价值。国家公园区域内的生态文化资源不仅为公园的建设增添了丰富的文化内涵，更为其提供了坚实的价值支撑。生态文化的深厚滋养在推动国家公园建设、维护生态环境、保护生物多样性方面具有重要意义。

2. 生态文化的重要作用

生态文化在铸牢中华民族共同体意识方面发挥着重要作用。挖掘和弘扬各民族优秀传统生态文化，在促进区域就业、保持经济增长、推动文化繁荣发展、凝聚人心等方面发挥着积极作用，有助于实现产业结构转型升级、发展方式绿色转型，以及应对全球气候变化。生态文化可以保护和修复生态系统，各民族优秀传统生态文化中蕴含着丰富的环境保护内容；生态文化在强化各族群众对中华民族共同体的历史认知和心理认同上发挥着重要作用。

3. 生态文化的积极意义

生态文化对青海省全国民族团结示范省建设具有积极意义。青海省作为一个多民族聚居的地区，生态文化在青海省全国民族团结示范省建设中发挥着重要作用。保护和传承中华优秀传统文化，挖掘和弘扬青海特色生态文化，不仅促进了生态文明的建设，也为民族团结进步提供了强大的文化支撑和社会动力，有助于增进各民族之间的交流和理解，促进民族团结和社会和谐。

4. 生态文化的推动作用

生态文化对青海"四地"建设起到了积极的推动作用。青海的"四地"建设是指：加快建设世界级盐湖产业基地，打造国家清洁能源产业高地、国际生态旅游目的地、绿色有机农畜产品输出地。"四地"建设是青海高质量发展的关键路径，是加快推动经济社会发展，努力建设更加富裕、文明、和谐、美丽的现代化青海的必由之路。

青海省拥有独特的自然风光和生态资源，要将生态旅游作为重点，加快推进生态旅游基础设施建设，而生态文化作为打造国际生态旅游目的地的基础，具有非常重要的时代价值和现实意义。

5. 生态文化的巨大潜力

生态文化在培养新质生产力方面有巨大潜力，在保护生态环境的同时，可以开发出新的旅游产品和服务，促进生态旅游的发展，带动当地经济的发展，提高人民的生活水平；可以通过人工智能、区块链、5G等新兴科技，使生态文化能够深度赋能文化事业和文化产业，创新文化产品和服务的生产与传播方式；可以推动形成以提供数字技术、信息、产品和服务为核心的文化新业态，在培养新质生产力方面发挥巨大潜力。

第四节　祁连山地区生态文化建设现状

近年来，祁连山国家公园青海省管理局以打造"生态文化高地"为重要抓手，主动探索出开放、创新、共享的生态文化建设新模式。在祁连山生态文化保护、生态文化资源挖掘、生态文化艺术创作、实施生态补偿、文化资源创意转化、文创产品开发、旅游研学活动、多媒体融合、科普宣传活动等方面全方位搭建活动平台，开展多种创新性工作，旨在促进祁连山生态文化保护和宣传，生态文化建设已成为祁连山建设发展的重要内涵和行动载体。

一、加强祁连山生态文化保护

祁连山位于青藏高原与黄土高原交会处，是我国重要的生态安全屏障，在水源涵养、生物多样性维持、气候调节等方面发挥着极其重要的作用。祁连山在保护自然资源、挖掘人文资源、保护与传承生态文化、防止文化资源的流失和破坏等方面已经建立起监测和管理机制，包括定期巡查、监测和报告机制，并且及时发现和解决文化资源的流失和破坏问题，并确保管理和保护工作得到有效的监督和评估；在开展监测机制的同时创新管护机制，严格管护责任。

据统计，2022年各管护站的1265名专职管护员开展巡护6.18万次，巡护里程达169万km，上传巡护照片4.3万余张。在这种严格的管控制度下，祁连山地区生态系统才得到有效保护，生态环境持续向好（图

6-75）。联合最新科技，实施全方位监测，祁连山地区依托"宏观监测—地面调查—定位监测"天空地一体化的综合监测系统，一大批科研项目在祁连山地区落地：完成全国首例雪豹救助与科研项目结合案例，完成4只雪豹、10只荒漠猫、38只黑颈鹤卫星跟踪监测，填补了我国在雪豹、荒漠猫、黑颈鹤迁徙活动数据方面的空缺；祁连山青海地区已经完成了2017—2018年度的雪豹专项调查工作，监测范围广、覆盖度高，基本代表了祁连山地区野生动物分布情况及生态环境状况，并取得了阶段性的成果。

自2017年中共中央办公厅、国务院办公厅印发《祁连山体制试点方案》以来，青海省林业和草原局、青海省气象局联合发布《祁连山国家公园青海片区生态气象公报（2023年）》，对2022年清海祁连山国家公园候选区的生态环境现状进行监测与评估。与近十年相比，2023年祁连山青海地区年均气温偏高，年降水量减少，年日照时数偏少，典型冰川面积和冰储量缩减、季节冻土最大冻结深度减小，积雪面积增大、积雪日数减少，土壤水分偏少，植被覆盖度增加，草地生育期延长，园区大部水源涵养服务能力有所提升。

以祁连山国家长期科研基地为中心，建立涵盖各类生态系统及物种的

图6-75　讨拉沟管护站管护员开展巡护工作图（来源：祁连山国家公园候选区）

观测网络,率先建立祁连山生物多样性数据库,建立我国西部第一个以生物多样性科学综合研究平台为主要功能的森林动态监测大样地。建成的祁连山野生动物救护繁育中心,是青藏高原功能齐全、设备先进、救护便捷的救护繁育基地之一,是一座真正建在公园内的生命救助站,有效补充就地保护,提升野生动物救护能力,为濒危野生动物救护繁育提供优质的基础条件。

二、进行祁连山生态文化资源挖掘

祁连山地区是我国西部重要的游牧文化分布带和民族文化交汇融通带,该地区人文资源丰富,自然景观独特,具有多民族共融、多元文化共存、人文资源丰厚的特殊地域文化特色。近年来,祁连山国家公园青海省管理局立足祁连山实际,依托独特的地域优势和资源禀赋,全方位搭建合作交流平台,汲取各方智慧,在共建国家公园生态文化高地的积极行动和壮丽实践中充盈生态文化内涵,为人与自然和谐共生、构建人类命运共同体做出更大贡献。祁连山体制试点工作中,祁连山管理局以生态文化为重要抓手,深入探索挖掘祁连山生态文化资源优势和潜力,在各方面形成了具有代表性的生态文化实践成果,为国家公园建设提供可借鉴、可示范的政策措施和文化路径,推动祁连山体制试点工作的健康发展。

对祁连山地区的生态文化资源进行深入挖掘和研究时,可以从以下几个方面入手,首先搜集整理祁连山地区的历史文献,包括史书、地方志、族谱、笔记等,从中发掘有关该地区生态文化的记载和描述;通过野外考察和考古发掘,寻找和研究祁连山地区的古代遗址、墓葬、陶器、玉器等文物,了解该地区古代居民的生活方式、文化传统和历史事件;同时,研究祁连山地区的语言、方言和文化,了解该地区居民的口头传统和文学作品,为深入了解当地文化提供重要依据;搜集和整理祁连山地区的民俗活动、民间艺术、传统节日等,通过比较研究,了解该地区文化的多样性和独特性(卜静,2020);结合生态文化保护和可持续发展理念,研究祁连山地区的自然环境、生态系统和生物多样性,探讨人与自然和谐共生的可能性;分析祁连山地区与其他地区、民族之间的文化交流和互动,了解该

地区文化在历史上的传播和发展。通过以上多个方面的研究,可以为保护和传承当地生态文化提供重要支持。

三、开展祁连山生态特色旅游

祁连山地区是重要的生态旅游目的地,它通过提供各种旅游活动来吸引游客,这些活动包括参观保护区、观赏野生动物、体验当地文化等,不仅增加了当地居民的收入,为当地社区带来经济利益,也能提高人们的环保意识。例如,旅游业可能会对环境造成负面影响,包括野生动物栖息地的破坏和环境的污染等。因此,为确保生态旅游可持续发展,必须采取适当的措施来保护环境和野生动物。另外,祁连山当地政府可以通过打造独特的文化体验、开发特色旅游产品、推广当地文化、加强基础设施建设、加强旅游服务等措施,有效地发展文化旅游,让更多的人了解和体验祁连山地区独特的生态文化,进一步带动当地经济的发展。

除此之外,祁连山地区拥有丰富的历史、文化和自然资源,近些年当地政府也在打造独特的文化体验来吸引游客,积极组织文化活动,包括民俗表演、传统手工艺展示等;利用当地独特的少数民族生态文化旅游资源,积极推出特色旅游产品,如特色美食、手工艺品、纪念品等,让游客在旅游过程中可以购买到当地特色产品;通过各种渠道,如社交媒体、旅游网站等,推广当地文化,让更多的人了解祁连山地区的文化;通过举办文化节、文化活动等方式,吸引更多的游客前来体验;通过加强旅游服务,如提供更好的导游服务、旅游咨询等,加强基础设施建设、改善交通、提高住宿条件等,吸引更多潜在旅游消费者前来游览。

四、组织祁连山科普宣传活动

为了向社会公众提供融入自然、享受自然、了解自然的全新渠道和平台,祁连山地区深度开发自然教育课程和读本,创办自然教育课堂,青海省科普教育基地、生态展陈中心、生态科普馆等教育体验平台相继建成。该地区通过多种措施来进行生态文化科普宣传,包括开展一系列比赛,通过电视媒体宣传绿色、红色文化,举办展览、讲座、文艺演出等,这些措施旨在让公众从另一种方式了解祁连山,提高人们对环境保护和生态文化的认识,让更多的人了解和关注祁连山的生态环境和文化遗产。

祁连山地区已建成我省首个以国家公园为主题的自然类科普馆,也是我国西北部生态系统开放式场景体量最大的科普馆;建成国家公园展陈中心,成为展示国家公园、社会大众接受自然教育的重要场所;该地区还积极组织走进祁连山地区体验采风活动,将国内外文学触角伸展到国家公园保护管理的最深处,投身于美妙神奇的大自然,完成生态体验及生态文化素材的收集、整理,并以不同的文学表达方式描述祁连山山川河岳的沧桑巨变、人类社会的时代变革。

此外,祁连山地区现已组织研究者、摄影师和作家等走进祁连山,观察祁连山的自然资源和人文资源,进行资源调查、摄影和文学创作等活动,组织大众开展文创作品比赛,组织教师开展关于"丝韵祁连山"PPT讲解大赛活动,与其他学校联合开设祁连山国家自然学校(图6-76)。通过多种不同形式的科普宣传,让更多的人了解祁连山,保护祁连山。

图6-76 自然教育进校园活动现场图(来源:祁连山国家公园候选区)

五、引导全民参与保护祁连山

鼓励当地社区参与祁连山的文化保护和发展,让他们从中受益,同时也可以提高他们的文化自觉性和环境保护意识。

通过建立"村两委+"(祁连山国家公园青海省管理局为引导全民参与保护祁连山而建立的一种创新模式),社区参与共建共治共享机制,引导全民参与保护祁连山的生态文化。祁连山国家公园青海省管理局以国家公园内社区村两委为依托,以社区群众为主体,在全省保护地率先建立"村两委+"联点村,充分发挥村两委和党员引导带领作用,着力打造党员群众义务宣传、保护队伍,建立起宣传、自然教育、保护、发展的共建共管共享机制。通过这样的基层管护模式创新,祁连山国家公园青海省管理局建立健全的管理机构和体制,编织起一张严密的保护之网,建立海西州、海北州工作协调办公室以及四县市管理分局,下设9个管护中心和40个管护站点,自上而下实行网格状管理(图6-77),全面实现集中、统一、高效的保护管理,国家公园管护体系初步形成。

建立社区参与机制,将现有草原、湿地、林地管护岗位统一归并为生态公益管护岗位,让当地居民参与到祁连山的管理和保护中来,优先安排当地居民。例如,可以设立志愿者组织、生态保护协会等,让当地居民参与到公园的巡护、监测、宣传等工作中来,从事生态管护岗位和社会服务岗位,使其参与祁连山生态保护和运营管理。

图6-77 老虎沟管护站管护员现场工作图(来源:祁连山国家公园候选区)

第七章

祁连山地区生态文化建设未来展望

祁连山国家公园候选区的生态文化建设是落实习近平生态文明思想的重要实践，体现了我国生态文明制度建设的核心内涵。基于青海三江源、祁连山等国家公园体制试点经验，通过总结试点成效与问题，围绕党中央"构建以国家公园为主体的自然保护地体系"的战略部署，我们提出了绿色引领、依法依规、全民共建、文化聚力、智慧建园五大管理理念，并构建建设运行、法规政策、资源管理、多元投入、生态保护、共建共享、科技支撑、合作交流、文明传播九大体系（李晓南，2022）。当前，中国的国家公园建设处于初期阶段，借鉴国际先进经验，探讨适合本土的国家公园发展路径具有深远现实意义。结合祁连山地区实际，未来的发展方向应包括：建立垂直管理体系，推行特许经营和多元化资金保障机制，制定分区保护措施，鼓励社区参与，推动立法进程，建立健全的法律保障体系（温煜华，2019）。

祁连山国家公园候选区的建设涉及多层面工作，其中生态文化发展是重要一环。祁连山地区多民族、多元文化的共融，形成了独特的生态文化。这一文化在新时代生态文明理念下，应与人与自然和谐发展的关系相结合，以传承、弘扬并创新生态文化。未来的生态文化发展应规范并加强管理，

突出人与自然的互动合作,结合生态治理创新,实现人与自然的和谐共存。祁连山国家公园候选区通过设立一系列自然保护区,致力于保护该区域的生态环境和丰富的野生动植物资源,包括许多珍稀濒危物种。这些保护区不仅保护生态平衡,还为生态旅游提供了机会。

以下是针对祁连山国家公园候选区未来生态文化建设的具体展望:

一、强化祁连山国家公园候选区生态文化保护

对祁连山国家公园候选区的文化和自然资源进行有效保护和传承,需制订科学的保护计划并建立完善的监测管理机制,防止资源流失和破坏。根据公园的实际情况,应因地制宜地制订一份详细的资源保护计划,包括具体的保护措施、目标、时间表和预算安排,以确保资源和人力得到合理分配,推动保护工作按计划实施。

为此,需建立高效的监测和管理机制,定期开展巡查、监测和报告,及时发现并解决文化资源流失或生态破坏问题,确保管理工作得到持续监督和评估。同时,根据《自然资源部国家林业和草原局关于做好自然保护区范围及功能分区优化调整前期有关工作的函》及《生态保护红线管理办法(试行)》的要求,在核心保护区外允许原住居民合理放牧,保障其合法草原承包经营权稳定。通过对标《草畜平衡管理办法》及相关草原载畜量规定,严格核定放牧强度,确保生态保护与社区发展的协调统一。

此外,应加强宣传和教育,通过开展生态文化讲座、系列展览和社区宣教活动,提高公众对文化保护和自然资源重要性的认识,增强保护意识,鼓励更多的人参与环境和文化遗产的保护。还需加强专业保护队伍建设,培养高素质人才,以确保文化和自然资源的管理工作高效开展。

最后,需构建生态文化保护合作机制,推动当地社区、政府、非政府组织及相关机构的协作,形成信息共享、资源整合的保护模式,共同致力于文化和自然资源的传承与保护。

总之,保护祁连山国家公园候选区的文化和自然资源需要多方协作与共同努力,只有通过科学规划、完善监测机制、加强宣传教育和队伍建设,以及构建合作机制,才能实现文化与自然资源的可持续保护和利用。

二、深入挖掘祁连山国家公园候选区生态文化资源

自古以来，祁连山是多民族文化交融的重要区域，以其独特的自然环境和地理条件积淀了崇尚自然、敬畏自然、保护自然的深厚人文底蕴。青海省作为中国西北地区的重要生态保护区，拥有青海湖、可可西里、藏传佛教等丰富的自然景观和独特的民族文化。同时，作为长江、黄河和澜沧江的发源地，青海被誉为"三江之源"和"中华水塔"，是全国乃至亚洲的水生态安全命脉，为流域近8亿人口提供工农业和生活用水。深入挖掘这些生态资源，不仅能够提升公众的生态保护意识，还能通过发展旅游和科研项目推动政策实施，确保生态系统的有效管理和保护。这一举措也符合国家西部大开发的政策导向，有助于缩小区域经济差距，促进长期经济和社会效益的实现，同时提升青海的知名度和国际影响力。因此，深入挖掘祁连山国家公园候选区的生态文化对青海省的可持续发展具有重大意义。

通过对祁连山国家公园候选区的生态文化进行深入挖掘和研究，可以为保护和传承该地区的生态文化提供重要支持，并为生态文明建设和民族团结做出积极贡献。

三、开发相关教育项目推动生态文化面向大众

生态文明建设关乎人民福祉与民族未来发展。将生态文明教育纳入国民教育体系，集中推进生态知识普及，并贯穿于学生德智体美劳教育的各个环节，有助于让建设"美丽中国""美丽青海"的理念深入学生心中。学校可从以下三个方面开展生态文明教育：

1. 优化校园环境，潜移默化影响学生

学校应注重通过校园环境培养学生的生态意识。例如，设置生态文明宣传标语和生态文化绿廊，让学生在潜移默化中认识到生态保护的重要性；在校园规划中划分区域供班级自主管理，种植植物或打造特色花圃，让学生在动手实践中感受自然，培养保护自然的意识；学校还可建造人工湖，引入小鱼、小虾等生物，营造生机盎然的生态氛围，使学生更直观地感受生态之美（环境教育，2023）。

2. 开展适龄教育实践，激发学生兴趣

针对不同年龄阶段的学生，学校可设计多样化的生态文化实践课程。例如，制作动植物标本并在国家公园展示，组织中小学学生参观学习；开设生态系统小课堂，帮助学生通过实践体验掌握生态知识；在国家公园举办以生态文化为主题的夏令营和冬令营，吸引学生参与，培养其对生态文化的兴趣及保护意识；举办生态文化主题的板报活动，让学生发挥创意，制作富有生态特色的宣传内容；在思政课程中融入生态文明教育，增强学生主人翁意识，激励他们将生态保护理念付诸实践。

3. 将教育延伸至课堂之外，强化社会实践

生态文化教育不应局限于课堂，应延伸至校外与自然环境中。例如，组织学生开展植树、种花等社会实践活动，让学生在自然中接受教育；成立"生态文化知识宣传小课堂"团队，向社区居民科普生态知识，既能锻炼学生的实践能力，也传播了生态保护理念；组织学生到河边清理垃圾，以实际行动增强环保意识。

四、开展祁连山国家公园候选区生态文化旅游

祁连山国家公园候选区是一个重要的生态旅游目的地，通过多样化的旅游活动吸引着游客。这些活动包括参观保护区、观赏野生动物、体验当地文化等，不仅增加了当地居民的收入，还提升了公众的环境保护意识。生态旅游已成为许多国家公园发展的重要经济支柱，能为当地社区带来显著的经济利益，同时强化了公众对生态保护的责任感。在祁连山国家公园候选区内，生态旅游已成为地方经济的重要来源之一，并为社区发展做出了积极贡献。然而，旅游业也可能对环境造成负面影响，例如破坏野生动物栖息地和增加污染。因此，为实现生态旅游的可持续发展，必须采取有效的环境保护措施，确保自然资源与旅游经济的和谐共存。

通过发展生态文化旅游，可以让更多人了解和体验祁连山地区的文化，同时推动当地经济进一步发展。文化旅游作为吸引游客的重要方式，能够展现祁连山丰富的历史、文化和自然资源。地方政府应积极引导社区通过打造独特的文化体验吸引游客。例如，组织民俗表演、传统手工艺

展示等文化活动,让游客深入了解当地文化;充分利用少数民族生态文化旅游资源,开发特色旅游产品,如地方美食、手工艺品和纪念品,在提升游客体验的同时增加社区经济收益;利用社交媒体、旅游网站等渠道推广祁连山文化,扩大知名度;通过举办文化节和相关活动进一步吸引游客参与体验。

此外,基础设施建设是文化旅游发展的关键保障。改善交通条件、提高住宿服务质量,可以为游客提供更加便捷、舒适的旅游体验。同时,也要提升旅游服务质量,例如提供优质的导游服务和旅游咨询,让游客的旅行更加顺畅愉快。

需要特别关注的是旅游业的发展可能对环境产生一定影响,例如野生动物栖息地的破坏和旅游垃圾的增加。为应对这些问题,应提前采取有效措施,包括在旅游区设置警示牌,增加垃圾桶和公共厕所等设施,确保生态环境得到充分保护。

总之,通过打造独特的文化体验、开发特色旅游产品、加强宣传推广、改善基础设施建设和提升旅游服务,可以有效推动祁连山国家公园候选区生态文化旅游的发展,这不仅有助于更多人了解和体验当地独特的生态文化,还能为地方经济的可持续发展提供强大助力。

五、积极利用新媒体大力宣传生态文化发展理念

青海省是一个民族文化资源极为丰富的地区,各市州民族文化各具特色。对于祁连山国家公园候选区的发展,可以将生态文化发展理念与青海省当地的民族文化深度结合,打造具有青海特色的国家公园。例如,利用少数民族对山水的崇敬与信仰,大力宣传生态文化理念,实现生态环境保护与民族文化传承的有机融合;开发具有少数民族特色的舞台剧、音像、图书等文创内容,将生态文化理念融入其中;结合民族文化,举办相关的节日活动和仪式,增强游客的文化体验感。此外,还可与企业合作,创作融入民族文化特征和生态文化理念的文创产品,这不仅能够激活民族文化资源的发展,还能提升青海省生态文化的软实力(冯圣媖,2022)。

然而，由于部分民族地区较为偏远，发展条件相对落后，劳动力匮乏且素质偏低，大量民族生态文化资源未能得到充分开发，这对宣传生态文化理念和发掘民族文化资源形成了一定的阻碍。针对这一问题，政府应加大对这些地区生态文化理念的宣传力度，并投入更多人力资源和资金，挖掘并发展民族生态文化资源，推动其全面发展。

在国家公园建设过程中，青海省可以积极利用新媒体拓宽生态文化发展的宣传渠道。例如，通过抖音、快手等平台发布宣传短片，让更多人了解祁连山国家公园候选区的生态文化，提升公众生态意识；开通祁连山国家公园候选区公众号，发布实时动态和可视化地图，让公众在线上了解祁连山国家公园候选区的建设情况；与学校合作，在学习平台上开设生态文化选修课程，让学生主动学习相关知识；利用VR实景技术，提供沉浸式生态文化体验，增强公众对生态文化的感知和兴趣（刘晶，2021）。在利用新媒体传播生态文化的同时，还应注重内容创新和技术多元化，进一步提升青海省在生态文化领域的整体影响力。

需要注意的是，新媒体传播带来的信息爆炸也可能产生不实内容，从而误导公众。在利用新媒体传播生态文化信息时，要确保信息的准确性，并提高公众的辨别能力。此外，对于技术落后、信息获取不便的偏远乡村地区，政府应加大资金投入和新媒体教育力度，帮助当地居民熟悉新媒体工具，确保生态文化信息传播的公平性和覆盖面，从而让新媒体在生态文化推广中发挥最大作用。

六、完善生态文化制度调动公众参与热情

党的二十大报告指出，要"加快构建以国家公园为主体的自然保护地体系，推进山水林田湖草沙一体化保护和系统治理"，并强调"推动绿色发展，促进人与自然和谐共生"。公众参与是实现这一目标的重要力量。生态文化的发展不仅是国家和政府的责任，也离不开公众的广泛参与。因此，政府应进一步完善多层次的生态文化公众参与制度，积极鼓励当地社区融入国家公园建设。这不仅能够促进文化保护和发展，还能让社区从中受益，提高居民的文化自觉性和生态保护意识，为构建人与自然生命共同

体贡献力量。

祁连山国家公园候选区设立国家级自然保护区，旨在保护祁连山地区的生态环境和生物多样性。为了更好地促进当地社区的参与和保护，可采取以下措施：

1. 加强宣传教育，提升保护意识

通过举办讲座、展览、文艺演出等形式，向当地社区宣传祁连山国家公园的文化和生态环境的重要性，增强居民的保护意识。教育活动应以通俗易懂的方式传递生态保护理念，使更多人理解并支持生态文化保护。

2. 建立社区参与机制

统一整合现有草原、湿地、林地的管护岗位，将其纳入生态公益管护体系，优先安排当地居民参与国家公园的管理与保护；可以通过设立志愿者组织或生态保护协会，让居民积极参与巡护、监测、宣传等工作。此外，可设置生态管护和社会服务岗位，为居民提供稳定的就业机会，同时增强其对保护工作的归属感和责任感。

3. 通过生态旅游提升社区收益

发展生态旅游，带动当地经济增长，提高社区居民的生活水平。通过特许经营模式帮助农牧民实现转型就业，提高公共产品供给效率，减轻财政压力，促进居民生产生活方式转变，是实现"两山理论"的最佳诠释。《祁连山体制试点方案》明确指出，鼓励当地居民或其创办的企业参与国家公园内的特许经营项目，探索自然资源所有者参与收益分配机制。

4. 加强监管，严厉打击破坏行为

强化对祁连山国家公园候选区的监管力度，严厉打击非法开发和破坏生态环境的行为，切实保护公园的生态系统和文化遗产。

5. 开展生态文化采风活动，繁荣生态文学

积极组织开展"走进祁连山国家公园候选区"体验采风活动，让国内外文学工作者深入国家公园保护管理的核心区域，在感受壮美自然的同时，收集和整理生态文化素材。通过不同的文学表达方式展现祁连山的自然与人文变迁，为国家公园建设留下动人文字，推动生态文学发展，宣传人与自然和谐共生的理念（姜子夏，2022）。

通过以上措施,可以在祁连山国家公园候选区实现生态保护与文化传承的有机结合,充分发挥公众参与的力量,促进地方经济和社会协调发展,为生态文明建设树立典范。

七、加强国家公园生态文化建设的国际交流与合作

自古以来,祁连山作为多民族文化交融的重要地区,以其独特的自然环境和地理条件积淀了崇尚自然、敬畏自然、保护自然的人文历史底蕴。祁连山国家公园的建设与发展不仅关乎生态保护,更承载着多民族文化传承的重要使命。

通过与国际相关机构和专家的交流与合作,可以引进国际先进的管理理念和技术,提升祁连山国家公园候选区在文化保护和发展方面的水平。例如,参与国际性会议和研讨会,围绕自然保护、生态旅游、文化遗产保护等主题,与国际专家交流经验;同时,发挥自身优势,与国际机构共同开展合作项目,如与国际自然保护联盟、世界遗产中心等机构合作,共同推进祁连山国家公园的生态保护和文化管理工作。

此外,通过引进国际先进的技术与经验,可以在生态旅游规划、文化遗产保护等领域取得突破。例如,采用更科学的生态旅游规划技术,平衡保护与开发之间的关系;借鉴国际文化遗产保护经验,加强历史文化遗迹和生态资源的双重保护,从而实现保护与发展的协同推进。

祁连山国家公园候选区需要开阔国际视野,以更加广阔的合作平台为支撑,致力于打造"生态文化高地",通过与国际相关机构和专家合作,将大自然的恩赐转化为生态文化传承与发展的动力,以共建共享、各美其美、美美与共的理念为指引,奋力构建人与自然和谐共生的生态文明高地。

国际合作还可以为挖掘和保护祁连山历史人文资源提供科学依据,延续历史文脉,为提升国家公园的文化软实力注入新动力。通过艺术表达、文化创作、教育体验和精神感悟等多样化方式,生动讲述祁连山地区多民族交融的灿烂人文历史,使生态文化成为祁连山国家公园候选区建设发展的重要源泉。

总之，与国际相关机构和专家的合作，将为祁连山国家公园候选区的文化保护和发展注入新活力，有助于推动建立国际互信与合作关系，在更高的层面上实现生态文明与文化传承的共赢发展，为构建人与自然生命共同体做出更大的贡献。

参考文献

[1] 钟敬秋, 高梦凡, 韩增林, 等. 基于生态系统文化服务的人地关系空间重构 [J]. 地理学报, 2024,79(07):1682–1699.

[2] 高阳, 沈振, 张中浩, 等. 生态系统服务视角下的社会–生态系统耦合模拟研究进展 [J]. 地理学报, 2024,79(01):134–146.

[3] LONGIN R. New Method of Collagen Extraction for Radiocarbon Dating[J]. Nature, 1971, 230(5291): 241–242.

[4] 张兰生, 方修琦, 任国玉. 全球变化 [M]. 北京：高等教育出版社, 2019.

[5] 朱诚, 李兰, 刘万青. 环境考古概论 [M]. 北京：科学出版社, 2013.

[6] GODWIN H. Half-life of Radiocarbon[J]. Nature, 1962, 195(4845): 984–984.

[7] MOOK W G. Business Meeting: Recommendations/Resolutions Adopted by the Twelfth International Radiocarbon Conference[J]. Radiocarbon, 1986, 28(2A): 799–799.

[8] 隆浩, 张静然. 晚第四纪湖泊演化光释光测年 [J]. 第四纪研究, 2016, 36(05): 1191–1203.

[9] AITKEN M J, Thermoluminescence dating: Past progress and future trends[J]. Nuclear Tracks and Radiation Measurements (1982), 1985, 10(12): 3–6.

[10] 张克旗, 吴中海, 吕同艳, 等. 光释光测年法——综述及进展 [J]. 地质通报, 2015, 34(01): 183–203.

[11] 赖忠平, 欧先交. 光释光测年基本流程 [J]. 地理科学进展, 2013, 32(05): 683–693.

[12] CHONGYI E, SOHBATI R, MURRAY A S, et al. Hebei loess section in the Anyemaqen Mountains, northeast Tibetan Plateau: a high-resolution luminescence chronology[J]. Boreas, 2018, 47(4): 1170-1183.

[13] LIU X, LAI Z, YU L, et al. Luminescence chronology of aeolian deposits from the Qinghai Lake area in the Northeastern Qinghai-Tibetan Plateau and its palaeoenvironmental implications[J]. Quaternary Geochronology, 2012, 10: 37-43.

[14] TRACHSEL M, TELFORD R J. All age-depth models are wrong, but are getting better[J]. The Holocene, 2017, 27(06): 860-869.

[15] BLAAUW M, CHRISTEN J A. Flexible paleoclimate age-depth models using an autoregressive gamma process[J]. Bayesian Analysis, 2011, 6(03): 457-474.

[16] CAO X, NI J, HERZSCHUH U, et al. A late Quaternary pollen dataset from eastern continental Asia for vegetation and climate reconstructions: Set up and evaluation[J]. Review of Palaeobotany and Palynology, 2013, 194: 21-37.

[17] HARRISON S P, VILLEGAS-DIAZ R, CRUZ-SILVA E, et al. The Reading Palaeofire Database: an expanded global resource to document changes in fire regimes from sedimentary charcoal records[J]. Earth System Science Data, 2022, 14(03): 1109-1124.

[18] LI C, POSTL A K, BÖHMER T, et al. Harmonized chronologies of a global late Quaternary pollen dataset (LegacyAge 1.0)[J]. Earth System Science Data, 2021, 14(03): 1331-1343.

[19] HEATON T J, BLAAUW M, BLACKWELL P G, et al. The IntCal20 Approach to Radiocarbon Calibration Curve Construction: A New Methodology Using Bayesian Splines and Errors-in-Variables[J]. Radiocarbon, 2020, 62(04): 821-863.

[20] 胡梦珺, 李森, 高尚玉, 等. 风成沉积物粒度特征及其反映的青海湖周边近32ka以来土地沙漠化演变过程[J]. 中国沙漠, 2012, 32(05):

1240-1247.

[21] 赵锦慧, 鹿化煜, 梅凡民, 等. 西宁地区黄土堆积的粒径分组 [J]. 干旱区地理, 2008 (01): 31-37.

[22] 谢远云, 李长安, 何葵, 等. 青海省民和黄土的粒度组成及气候含义 [J]. 地质科技情报, 2002 (02): 41-44.

[23] 丁仲礼, 孙继敏, 刘东生. 联系沙漠－黄土演变过程中耦合关系的沉积学指标 [J]. 中国科学 (D 辑: 地球科学), 1999 (01): 82-87.

[24] QIANG M, CHEN F, SONG L, et al. Late Quaternary aeolian activity in Gonghe Basin, northeastern Qinghai-Tibetan Plateau, China[J]. Quaternary Research, 2013, 79(03): 403-412.

[25] 吴晓英, 张倩雯, 张志高, 等. 藏北库木库里盆地 KM 剖面晚更新世沉积物粒度特征及其环境意义 [J]. 兰州大学学报 (自然科学版), 2015, 51(04): 478-487+495.

[26] 殷志强, 秦小光, 吴金水, 等. 湖泊沉积物粒度多组分特征及其成因机制研究 [J]. 第四纪研究, 2008(02): 345-353.

[27] WELTJE G J. End-member modeling of compositional data: Numerical-statistical algorithms for solving the explicit mixing problem[J]. Mathematical Geology, 1997, 29(04): 503-549.

[28] 孔凡彪, 陈海涛, 徐树建, 等. 山东章丘黄土粒度指示的粉尘堆积过程及古气候意义 [J]. 地理学报, 2021, 76(05): 1163-1176.

[29] PATERSON G A, HESLOP D. New methods for unmixing sediment grain size data[J]. Geochemistry, Geophysics, Geosystems, 2015, 16(12): 4494-4506.

[30] 卢升高. 中国土壤磁性与环境 [M]. 北京: 高等教育出版社, 2003.

[31] 夏富君. 土壤磁化率的研究与应用综述 [J]. 自然科学, 2019, 07(06): 456.

[32] LI Z, ZHOU Z, DENG T, et al. A falconid from the Late Miocene of northwestern China yields further evidence of transition in Late Neogene steppe communities[J]. The Auk, 2014, 131(03): 335-350.

[33] 梁潇, 杨萍果, 姚娇, 等. 16 ka 以来黄土高原东亚夏季风变化的环境磁学记录[J]. 地理学报, 2021, 76(03): 539-549.

[34] 史威, 朱诚, 徐伟峰, 等. 重庆中坝遗址剖面磁化率异常与人类活动的关系[J]. 地理学报, 2007 (03): 257-267.

[35] 董广辉, 贾鑫, 安成邦, 等. 青海省长宁遗址沉积物元素对晚全新世人类活动和气候变化的响应[J]. 海洋地质与第四纪地质, 2008 (02): 115-119.

[36] 张岩, 郭正堂, 邓成龙, 等. 周口店第 1 地点用火的磁化率和色度证据[J]. 科学通报, 2014, 59(08): 679-686.

[37] 陈一萌, 陈兴盛, 宫辉力, 等. 土壤颜色——一个可靠的气候变化代用指标[J]. 干旱区地理, 2006 (03): 309-313.

[38] 沈曼丽, 张军, 惠争闯. 兰州西津黄土色度指标记录的第四纪气候演化[J]. 冰川冻土, 2021, 43(03): 809-817.

[39] SUN Y, HE L, LIANG L, et al. Changing color of Chinese loess: geochemical constraint and paleoclimatic significance[J]. Journal of Asian Earth Sciences, 2011, 40(6): 1131-1138.

[40] 田庆春, 杨太保, 石培宏, 等. 可可西里 BDQ0608 钻孔沉积物色度环境意义及其影响因素[J]. 海洋地质与第四纪地质, 2012, 32(01): 133-140.

[41] 鄂崇毅, 曹广超, 侯光良, 等. 青海湖江西沟黄土记录的环境演变[J]. 海洋地质与第四纪地质, 2013, (04): 193-200.

[42] TIESSEN H, CUEVAS E, CHACON P. The role of soil organic matter in sustaining soil fertility[J]. Nature, 1994, 371(6500): 783-785.

[43] 谢巧勤, 陈天虎, 徐晓春, 等. 西峰黄土-红黏土序列有机质记录及其对磁化率古气候意义启示[J]. 第四纪研究, 2012, 32(04): 709-718.

[44] 李小强, 周新郢, 尚雪, 等. 黄土炭屑分级统计方法及其在火演化研究中的意义[J]. 湖泊科学, 2006 (05): 540-544.

[45] MIAO Y, FANG X, SONG C, et al. Late Cenozoic fire enhancement

response to aridification in mid-latitude Asia: Evidence from microcharcoal records[J]. Quaternary Science Reviews, 2016, 139: 53-66.

[46] TAN Z, HAN Y, CAO J, et al. The linkages with fires, vegetation composition and human activity in response to climate changes in the Chinese Loess Plateau during the Holocene[J]. Quaternary International, 2018, 488: 18-29.

[47] 曹艳峰, 黄春长, 韩军青, 等. 黄土高原东西部全新世剖面炭屑记录的火环境变化[J]. 地理与地理信息科学, 2007(01): 92-96.

[48] 李成, 李戈, 李仁成, 等. 植物燃烧微炭屑与植硅体的比值研究[J]. 微体古生物学报, 2019, 36(01): 79-86.

[49] 李宜垠, 侯树芳, 莫多闻. 湖北屈家岭遗址孢粉、炭屑记录与古文明发展[J]. 古地理学报, 2009, 11(06): 702-710.

[50] 王梓莎, 赵永涛, 苗运法, 等. 以孢粉学方法为例浅论黄土沉积物中微体炭屑的统计问题[J]. 干旱区地理, 2020, 43(03): 661-670.

[51] 郑卓, 邓韫, 张华, 等. 华南沿海热带-亚热带地区全新世环境变化与人类活动的关系[J]. 第四纪研究, 2004 (04): 387-393.

[52] 唐领余, 沈才明, 吕厚远, 等. 青藏高原第四纪孢粉研究五十年[J]. 中国科学: 地球科学, 2021, 51(12): 2015-2034.

[53] ZHAO Y, YU Z, CHEN F, et al. Holocene vegetation and climate history at Hurleg Lake in the Qaidam Basin, northwest China[J]. Review of Palaeobotany and Palynology, 2007, 145(3-4): 275-288.

[54] 许清海, 李月丛, 阳小兰, 等. 中国北方几种主要花粉类型与植被定量关系[J]. 中国科学(D辑: 地球科学), 2007 (02): 192-205.

[55] HERZSCHUH U, BORKOWSKI J, SCHEWE J, et al. Moisture-advection feedback supports strong early-to-mid Holocene monsoon climate on the eastern Tibetan Plateau as inferred from a pollen-based reconstruction[J]. Palaeogeogr Palaeoclimatol Palaeoecol, 2014, 402: 44-54.

[56] HUANG X Z, LIU S S, DONG G H, et al. Early human impacts on vegetation on the northeastern Qinghai-Tibetan Plateau during the middle to late Holocene[J]. Progress in Physical Geography: Earth and Environment, 2017, 41: 286-301.

[57] WEI H, YUAN Q, XU Q, et al. Assessing the impact of human activities on surface pollen assemblages in Qinghai Lake Basin, China[J]. Journal of Quaternary Science, 2018, 33(06): 702-712.

[58] 王伏雄，钱南芬，张玉龙，等. 中国植物花粉形态[M]. 北京：科学出版社，1995.

[59] GEEL B V, BUURMAN J, BRINKKEMPER O, et al. Environmental reconstruction of a Roman Period settlement site in Uitgeest(the Netherlands), with special reference to coprophilous fungi[J]. Journal of Archaeological Science, 2003, 30: 873-883.

[60] WEI H C, HOU G L, FAN Q S, et al. Using coprophilous fungi to reconstruct the history of pastoralism in the Qinghai Lake Basin, Northeastern Qinghai-Tibetan Plateau[J]. Progress in Physical Geography: Earth and Environment, 2020, 44(01): 70-93.

[61] HUANG X, ZHANG J, REN L, et al. Intensification and Driving Forces of Pastoralism in Northern China 5.7 ka Ago[J]. Geophysical Research Letters, 2021, 48(07): e2020GL092288.

[62] 郝秀东，翁成郁. 粪生真菌孢子在古生态学研究中的指示意义[J]. 海洋地质与第四纪地质，2015, 35(01): 175-184.

[63] 魏海成，鄂崇毅，段荣蕾，等. 真菌孢子记录的全新世中期以来青藏高原东北部地区畜牧活动历史[J]. 中国科学：地球科学，2021, 51(11): 1907-1922.

[64] ZHANG D D, BENNETT M R, CHENG H, et al. Earliest parietal art: Deliberately placed hominin hand and foot traces from the middle Pleistocene of Tibet[J]. Science Bulletin, 2021, 29(05): 1072.

[65] WEI H C, HOU G L, FAN Q S, et al. Using coprophilous fungi to

reconstruct the history of pastoralism in the Qinghai Lake Basin, Northeastern Qinghai-Tibetan Plateau[J]. Progress in Physical Geography: Earth and Environment, 2020, 44(01): 70-93.

[66] GELORINI V, VERBEKEN A, GEEL B V, et al. Modern non-pollen palynomorphs from East African lake sediments[J]. Review of Palaeobotany and Palynology, 2011, 164(3-4): 143-173.

[67] 王建, 夏欢, 姚娟婷, 等. 青藏高原末次冰消期狩猎采集人群的生存策略研究[J]. 中国科学: 地球科学, 2020, 50(03): 380-390.

[68] CHEN F H, DONG G H, ZHANG D J, et al. Agriculture facilitated permanent human occupation of the Tibetan Plateau after 3600 BP[J]. Science, 2015, 347(6219): 248-250.

[69] COPLEY M S, BERSTAN R, DUDD S N, et al. Direct chemical evidence for widespread dairying in prehistoric Britain[J]. Proceedings of the National Academy of Sciences, 2003, 100(04): 1524-1529.

[70] EVERSHED R P. Organic residue analysis in archaeology: the archaeological biomarker revolution[J]. Archaeometry, 2008, 50(06): 895-924.

[71] DUDD S N, EVERSHED R P. Direct demonstration of milk as an element of archaeological economies[J]. Science, 1998, 282(5393): 1478-1481.

[72] CRAIG O E, TAYLOR G, MULVILLE J, et al. The identification of prehistoric dairying activities in the Western Isles of Scotland; An integrated biomolecular approach[J]. Journal of Archaeological Science. 2005, 32(01): 91-103.

[73] EVERSHED R P, ARNOT K I, COLLISTER J, et al. Application of isotope ratio monitoring gas chromatography-mass spectrometry to the analysis of organic residues of archaeological origin[J]. Analyst, 1994, 119(05): 909-914.

[74] EVERSHED R P, DUDD S N, COPLEY M S, et al. Identification

of animal fats via compound specific sC values of individual fatty acids:Assessments of results for reference fats and lipid extracts of archaeological pottery vessels[J]. Documenta Praehistorica, 2002, 29: 73-96.

[75] CRAIG O E, ALLEN R B, THOMPSON A, et al. Distinguishing wild ruminant lipids by gas chromatography/combustion/isotope ratio mass spectrometry[J]. Rapid Communications in Mass Spectrometry, 2012, 26(19): 2359-2364.

[76] VERNON R G. Lipid metabolism in the adipose tissue of ruminant animals[J]. Progress in Lipid Research, 1980, 19(1-2): 23-106.

[77] MOORE J, CHRISTIE W. Lipid metabolism in the mammary gland of ruminant animals[J]. Progress in Lipid Research, 1979, 17(04): 347-395.

[78] DUNNE J, EVERSHED R P, SALQUE M, et al. First dairying in green Saharan Africa in the fifth millennium BC[J]. Nature, 2012, 486(7403): 390-394.

[79] GREGG M W, BANNING E B, GIBBS K, et al. Subsistence practices and pottery use in Neolithic Jordan: Molecular and isotopic evidence[J]. Journal of Archaeological Science, 2009, 36(04): 937-946.

[80] OUTRAM A K, STEAR N A, BENDREY R, et al. The earliest horse harnessing and milking[J]. Science, 2009, 323(5919): 1332-1335.

[81] SPANGENBERG J E, JACOMET S, SCHIBLER J. Chemical analyses of organic residues in archaeological pottery from Arbon Bleiche 3, Switzerland-Evidence for dairying in the late Neolithic[J]. Journal of Archaeological Science, 2006, 33(01): 1-13.

[82] 孙诺杨, 胡松梅, 孙周勇, 等. 陕北地区动物骨骼的脂肪酸单体碳同位素分析[J]. 第四纪研究, 2022, 42(01): 69-79.

[83] CRAIG O E, SAUL H, LUCQUIN A, et al. Earliest evidence for the use of pottery[J]. Nature, 2013, 496(7445): 351-354.

[84] HAN B, SUN Z W, CHONG J R, et al. Lipid residue analysis of ceramic vessels from the Liujiawa site of the Rui State (early Iron Age, north China)[J]. Journal of Quaternary Science, 2022, 37: 114–122.

[85] JIN S M, HOU G L, CHEN Y C, et al. Prehistoric human occupation and adaptation on the hinterland of the Tibetan Plateau in the Early Holocene[J]. Progress in Physical Geography: Earth and Environment, 2023, 47(06): 931–949.

[86] REGERT M. Analytical strategies for discriminating archeological fatty substances from animal origin[J]. Mass spectrometry reviews, 2011,30(02): 177–220.

[87] 高星，裴树文. 中国古人类石器技术与生存模式的考古学阐释[J]. 第四纪研究, 2006 (04): 504–513.

[88] 王幼平. 石器研究：旧石器时代考古方法初探[M]. 北京：北京大学出版社, 2006.

[89] 卫奇，裴树文. 石片研究[J]. 人类学学报, 2013, 32(04): 454–469.

[90] 卫奇，陈哲英. 中国旧石器时代考古反思[J]. 文物春秋, 2001(05): 1–6+17.

[91] Toth N. The oldowan reassessed: A close look at early stone artifacts[J]. Journal of Archaeological Science, 1985, 12(2): 101–120.

[92] 赵辉. 当今考古学的陶器研究[J]. 南方文物, 2019 (01): 1–10.

[93] 韩建业. "彩陶之路"与早期中西文化交流[J]. 考古与文物, 2013 (01): 28–37.

[94] 谢端琚. 甘青地区史前考古[M]. 北京：文物出版社, 2002.

[95] 陈洪海，王国顺，梅端智，等. 青海同德县宗日遗址发掘简报[J]. 考古, 1998 (5): 1–14+35+97–101.

[96] 乔虹. 浅析青海地区卡约文化的动物造型艺术[J]. 青海师范大学学报(哲学社会科学版), 2005 (01): 75–78.

[97] 西藏自治区文物管理委员会，四川大学. 昌都卡若[M]. 北京：文物出版社, 1985.

[98] 戴静雯, 张双权, 张乐. 史前人类对动物骨骼油脂的开发和利用 [J]. 人类学学报, 2021, 40(03): 503-512.

[99] 任乐乐. 青藏高原东北部及其周边地区新石器晚期至青铜时代先民利用动物资源的策略研究 [D]. 兰州：兰州大学, 2017.

[100] 袁靖. 中国动物考古学 [M]. 北京：文物出版社, 2015.

[101] 施密德（Schmid, Elisabeth）, 李天元. 动物骨骼图谱 [M]. 武汉：中国地质大学出版社, 1992.

[102] 曹克清. 中国鹿类动物 [M]. 上海：华东师范大学出版社, 2002.

[103] 陈胜前. 考古推理的结构 [J]. 考古, 2007 (10): 42-51+2.

[104] 张山佳, 董广辉. 青藏高原东北部青铜时代中晚期人类对不同海拔环境的适应策略探讨 [J]. 第四纪研究, 2017, 37(04): 696-708.

[105] 李中轩, 吴国玺, 孙艳丽, 等. 4.2—3.5 ka B.P. 嵩山南麓的史前社会对逆向环境的适应 [J]. 山地学报, 2018, 36(06): 833-843.

[106] LAN C Z, HOU G, XU C, et al. Simulating the route of the Tang-Tibet Ancient Road for one branch of the Silk Road across the Qinghai-Tibet Plateau[J]. PLOS ONE, 2019, 14(12): e0226970.

[107] 周俭. 丝绸之路交通路线（中国段）历史地理研究 [M]. 南京：江苏人民出版社, 2012

[108] 董广辉, 杜琳垚, 杨柳, 等. 欧亚大陆草原之路-绿洲之路史前农牧业扩散交流与生业模式时空变化 [J]. 中国科学：地球科学, 2022, 52(08): 1476-1498.

[109] 张全, 侯光良, 陈晓良, 等. 8 ka 祁连山中段腹地人类活动的新证据 [J]. 第四纪研究, 2022, 42(04): 1044-1057.

[110] 侯光良, 曹广超, 鄂崇毅, 等. 青藏高原海拔 4000 m 区域人类活动的新证据 [J]. 地理学报, 2016, 71(07): 1231-1240.

[111] 张东菊, 董广辉, 王辉, 等. 史前人类向青藏高原扩散的历史过程和可能驱动机制 [J]. 中国科学：地球科学, 2016, 46(08): 1007-1023.

[112] 杨伯达. "玉石之路"的布局及其网络 [J]. 南都学坛, 2004(03):

113-117.

[113] 陈小平."唐蕃古道"的走向和路线 [J]. 青海社会科学,1987(03): 70-76.

[114] 霍巍."高原丝绸之路"的形成、发展及其历史意义[J]. 社会科学家, 2017(11): 19-24.

[115] 陈发虎,夏欢,高玉,等.史前人类探索、适应和定居青藏高原的历程及其阶段性讨论 [J]. 地理科学,2022, 42(01): 1-14.

[116] 侯光良,兰措卓玛,朱燕,等.青藏高原史前时期交流路线及其演变 [J]. 地理学报,2021, 76(05): 1294-1313.

[117] ZHANG X L, HA B B, WANG S J, et al. The earliest human occupation of the high-altitude Tibetan Plateau 40 thousand to 30 thousand years ago[J]. Science, 2018, 362(6418): 1049-1051.

[118] ZHANG D D, BENNETT M R, CHENG H, et al. Earliest parietal art: Deliberately placed hominin hand and foot traces from the middle Pleistocene of Tibet[J]. Science Bulletin, 2021, 29(05): 1072.

[119] HOU G L, GAO J Y, CHEN Y C,et al. Winter-to-summer seasonal migration of microlithic human activities on the Qinghai-Tibet Plateau[J]. Scientific Reports, 2020, 10(01): 11659.

[120] WHALLON R. Social networks and information: Non-"utilitarian" mobility among hunter-gatherers[J]. Journal of Anthropological Archaeology, 2006, 25(2): 259-270.

[121] 杨石霞,岳健平.史前人类对资源的认知和开发能力——石器原料研究的方法与意义 [J]. 人类学学报,2020, 39(01): 12-20.

[122] 陈淳,张萌.旧石器时代考古与栖居及生计形态分析 [J]. 人类学学报,2018, 37(02): 306-317.

[123] LANCUO Z M, HOU G L, XU C J, et al. Simulation of exchange routes on the Qinghai-Tibetan Plateau shows succession from the neolithic to the bronze age and strong control of the physical environment and production mode[J]. Frontiers in Earth Science, 2023.

[124] BRANTINGHAM P J, MA H, OLSEN J W, et al. Speculation on the timing and nature of Late Pleistocene hunter-gatherer colonization of the Tibetan Plateau[J]. Chinese Science Bulletin, 2003, 48(14): 1510.

[125] BRANTINGHAM P J, GAO X, MADSEN D B, et al. Late occupation of the high-elevation northern Tibetan Plateau based on cosmogenic, luminescence, and radiocarbon ages[J]. Geoarchaeology, 2013, 28(05): 413-431.

[126] BRANTINGHAM P J, GAO X. Peopling of the northern Tibetan Plateau[J]. World Archaeology, 2006, 38(03): 387-414.

[127] BLADES B S. Aurignacian lithic economy and early modern human mobility: new perspectives from classic sites in the Vézère valley of France[J]. Journal of Human Evolution, 1999, 37(01): 91-120.

[128] 汤国安, 杨昕. ArcGIS 地理信息系统空间分析实验教程[M]. 北京: 科学出版社, 2012.

[129] 兰措卓玛. 青藏高原旧石器-历史时期交流路线的重建及演变研究[D]. 西宁: 青海师范大学, 2021.

[130] 陈智豪, 侯为根, 杨天明. 遗传算法在最小 steiner 树问题中的应用[J]. 安庆师范学院学报(自然科学版), 2016, 22(02): 30-32.

[131] LIETH H. Primary production: Terrestrial ecosystems[J]. Human Ecology, 1973, 1(04): 303-332.

[132] 杨昭明, 冯晓莉, 黄霞, 等. 1987—2017 年青海省东部农业区粮食作物生产潜力及产量差时空变化特征[J]. 中国农学通报, 2019, 35(03): 26-33.

[133] 王发科, 雷玉红, 韩廷芳, 等. 柴达木盆地气候生产潜力变化及其敏感性分析[J]. 青海草业, 2019, 28(04): 37-41+28.

[134] SHI F, LU H, GUO Z, et al. The Position of the Current Warm Period in the Context of the Past 22,000 Years of Summer Climate in China[J]. Geophysical Research Letters, 2021, 48(05): e2020GL091940.

[135] 吴海斌, 李琴, 于严严, 等. 全新世中期中国气候格局定量重建[J].

第四纪研究, 2017, 37(05): 982-998.

[136] WANG X, CHEN R, HAN C, et al. Response of frozen ground under climate change in the Qilian Mountains, China[J]. Quaternary International, 2019, 523: 10-15.

[137] 张军周. 祁连山树木形成层活动及年内径向生长动态监测研究[D]. 兰州：兰州大学, 2018.

[138] 丁文广, 勾晓华, 李育. 祁连山生态绿皮书：祁连山生态系统发展报告[M]. 北京：社会科学文献出版社, 2022.

[139] 陈京华. 祁连山植被 NDVI 变化特征及其对气候变化的响应[D]. 兰州：西北师范大学, 2016.

[140] 张卓. 祁连山南坡生态系统碳源/汇特征及碳库影响因素研究[D]. 西宁：青海师范大学, 2022.

[141] 汪红. 祁连山地区植被冠层降雨截留时空分布研究[D]. 兰州：兰州大学, 2022.

[142] 刘少峰, 张国伟, P L Heller. 循化－贵德地区新生代盆地发育及其对高原增生的指示[J]. 中国科学 (D 辑：地球科学), 2007(S1): 235-248.

[143] 戎战磊. 气候变化对祁连山优势物种分布和植被格局的影响[D]. 兰州：兰州大学, 2019.

[144] 赵良菊, 尹力, 肖洪浪, 等. 黑河源区水汽来源及地表径流组成的稳定同位素证据[J]. 科学通报, 2011, 56(01): 58-67.

[145] 王清涛. 青海云杉林更新及其幼苗幼树生长态势模拟研究[D]. 兰州：兰州大学, 2017.

[146] 邱丽莎, 张立峰, 何毅, 等. 2000-2018 年祁连山蒸散发时空变化及影响因素[J]. 水土保持研究, 2020, 27(03): 1-11.

[147] 彭守璋. 祁连山地区青海云杉林生长过程及其固碳能力研究[D]. 兰州：兰州大学, 2015.

[148] 张军周. 祁连山树木形成层活动及年内径向生长动态监测研究[D]. 兰州：兰州大学, 2018.

[149] 王学福. 祁连山河流湿地生态退化现状与恢复 [J]. 甘肃科技, 2020, 36 (11): 3-6+21.

[150] 万艳芳, 刘贤德, 马瑞, 等. 祁连山鲜黄小檗和甘青锦鸡儿灌丛冠层降雨再分配特征 [J]. 水土保持学报, 2016, 30 (06): 162-167.

[151] 刘旻霞, 连依明, 李文. 微地形对优势种群点格局和关联性的影响 [J]. 应用生态学报, 2018, 29 (05): 1569-1575.

[152] 袁杰. 祁连山黑河园区土壤储碳储水能力及潜力研究 [D]. 西宁: 青海师范大学, 2019.

[153] 付建新. 祁连山南坡土地利用/覆被变化及其驱动力研究 [D]. 西宁: 青海师范大学, 2019.

[154] 丁文广, 勾晓华, 李育. 祁连山生态绿皮书: 祁连山生态系统发展报告 [M]. 北京: 社会科学文献出版社, 2018.

[155] 青海省林业厅, 国家林业局西北林业调查规划设计院. 青海省林业生态建设与管理地图集 [M]. 西安: 西安地图出版社, 2017.

[156] 卜静, 姜英, 龚文婷. 浅谈祁连山国家公园青海片区少数民族生活领域的生态文化 [J]. 陕西林业科技, 2020, 48(06):98-102.

[157] CHEN F H, WU D, CHEN J H, et al. Holocene moisture and East Asian summer monsoon evolution in the northeastern Tibetan Plateau recorded by Lake Qinghai and its environs: A review of conflicting proxies[J]. Quaternary Science Reviews, 2016, 154: 111-129.

[158] DONG G, LIU H, YANG Y, et al. Emergence of ancient cities in relation to geopolitical circumstances and climate change during late Holocene in northeastern Tibetan Plateau, China[J]. Frontiers of Earth Science, 2016, 10(04): 669-682.

[159] HOU J Z, LI C G, LEE S. The temperature record of the Holocene: progress and controversies[J]. Science Bulletin, 2019, 64(09): 7-8.

[160] LIU X Q, DONG H L, RECH J A, et al. Evolution of Chaka Salt Lake in NW China in response to climatic change during the Latest Pleistocene-Holocene[J]. Quaternary Science Reviews, 2008, 27(7-

8): 867-879.

[161] LU H, ZHAO C, MASON J, et al. Holocene climatic changes revealed by aeolian deposits from the Qinghai Lake area (northeastern Qinghai-Tibetan Plateau) and possible forcing mechanisms[J]. The Holocene, 2011, 21(02): 297-304.

[162] MADSEN D B, MA H, BRANTINGHAM P J, et al. The Late Upper Paleolithic occupation of the northern Tibetan Plateau margin[J]. Journal of Archaeological Science, 2006, 33(10):1433-1444.

[163] MADSEN D B, PERREAULT C, RHODE D, et al. Early foraging settlement of the Tibetan Plateau highlands[J]. Archaeological Research in Asia, 2017, 11:15-26.

[164] QIANG M R, SONG L, JIN Y X, et al. A 16-ka oxygen-isotope record from Genggahai Lake on the northeastern Qinghai-Tibetan Plateau: Hydroclimatic evolution and changes in atmospheric circulation[J]. Quaternary Science Reviews, 2017, 162:72-87.

[165] RHODE D, BRANTINGHAM P J, PERREAULT C, et al. Mind the gaps: testing for hiatuses in regional radiocarbon date sequences[J]. Journal of Archaeological Science, 2014, 52: 567-577.

[166] WANG N A, LI Z L, LI Y, et al. Millennial-scale environmental changes in the Asian monsoon margin during the Holocene, implicated by the lake evolution of Huahai Lake in the Hexi Corridor of northwest China[J]. Quaternary International, 2013, 313: 100-109.

[167] ZHAO Y, YU Z C, CHEN F H, et al. Holocene vegetation and climate history at Hurleg Lake in the Qaidam Basin, northwest China. Review of Palaeobotany and Palynology, 2007, 145(3/4): 275-288.

[168] 安成邦, 冯兆东, 唐领余, 等. 甘肃中部4000年前环境变化与古文化变迁[J]. 地理学报, 2003(05):743-748.

[169] 陈东雪, 鲁瑞洁, 丁之勇, 等. 青海湖湖东沙地河湖-风成沉积记录的中晚全新世以来环境变化[J]. 中国沙漠, 2021, 41(06):99-110.

[170] 陈国科,王辉,李延祥,等.甘肃张掖市西城驿遗址[J].考古,2014(07): 3-17+2.

[171] 陈晓良.长江-澜沧江源区史前人类活动与环境适应研究[D].西宁:青海师范大学,2022.

[172] 邸华,蒋志仁.祁连山自然保护区生态文化建设探讨[J].绿色科技,2015,{4}(10):34 +36.

[173] 丁柏峰.柳湾遗址与青海古代文明探索[J].青藏高原论坛,2014,2(01):21-25.

[174] 董广辉,杨谊时,任乐乐,等.河西走廊地区史前时代生业模式和人与环境相互作用[M].北京：科学出版社,2020.

[175] 杜玮,王倩倩,马骞.青海民和县胡李家遗址2015年发掘简报[J].华夏考古,2019 (05):3-15+58.

[176] 杜战伟,汪巩凡,王倩倩,等.青海民和喇家遗址2017年的发掘与认识[J].边疆考古研究,2019(01):77-94.

[177] 高铭君,李育,张占森等.祁连山周边内流区湖泊沉积物与人类活动研究[J].地理学报,2023,78(05):1192-1212.

[178] 郭小燕.季风边缘区尕海湖记录的全新世气候变化[D].兰州:兰州大学,2012.

[179] 国家文物局.中国文物地图集：青海分册[M].北京：中国地图出版社,1996.

[180] 郝璐.祁连山及周边地区古环境代用指标的人类活动辨识[D].兰州:兰州大学,2022.

[181] 侯光良,刘峰贵,萧凌波,等.青海东部高庙盆地史前文化聚落演变与气候变化[J].地理学报,2008(01):34-40.

[182] 侯光良,魏海成,鄂崇毅,等.青藏高原东北缘全新世人类活动与环境变化——以青海湖江西沟2号遗迹为例[J].地理学报,2013,68(03):380-388.

[183] 侯光良,许长军,吕晨青,等.中全新世仰韶文化扩张的环境背景[J].地理研究,2019,38(02):437-444.

[184] 胡开国. 甘青地区青铜时代早期聚落的生业经济 [D]. 济南：山东大学，2021.

[185] 胡玉. 青藏高原东北部哈拉湖地区末次盛冰期以来的植被演化和气候变化历史 [D]. 兰州：兰州大学，2016.

[186] 贾文雄. 祁连山气候的空间差异与地理位置和地形的关系 [J]. 干旱区研究，2010,27(04):607-615.

[187] 金孙梅，侯光良，许长军，等. 全新世以来青藏高原文化遗址时空演变及其驱动 [J]. 干旱区研究，2019,36(05):1049-1059.

[188] 李水城. 西北与中原早期冶铜业的区域特征及交互作用 [J]. 考古学报，2005(03):239-275+278.

[189] 李育，王乃昂，李卓仑，等. 河西猪野泽沉积物有机地化指标之间的关系及古环境意义 [J]. 冰川冻土，2011,33(02): 334-341.

[190] 李育，王乃昂，李卓仑，等. 河西走廊盐池晚冰期以来沉积地层变化综合分析——来自夏季风西北缘一个关键位置的古气候证据 [J]. 地理报，2013,68(07):7-11.

[191] 李育，张宇欣，张新中，等. 以东亚及中亚地区虚拟湖泊水位变化为代表的全新世有效水分变化的连续模拟 [J]. 中国科学：地球科学，2020,50(08):1106-1121.

[192] 刘和斌，李育，张新中，等. 祁连山东西段不同时间尺度气候差异研究 [J]. 兰州大学学报(自然科学版),2020,56(06):724-732.

[193] 刘雨嘉. 青海省宗日遗址植物遗存分析 [D]. 兰州：兰州大学，2018.

[194] 青海省文物考古研究所，刚察县文旅广电局，乔虹，等. 刚察县发现史前彩绘手印岩画. 刚察县人民政府，http://www.gangcha.gov.cn/html/2173/282504.html.

[195] 申旭科，王建，姚娟婷，等. 青海湖盆地史前狩猎采集人群的石料利用策略研究 [J]. 第四纪研究，2020,40(02):525-537.

[196] 沈吉，刘兴起，R MATSUMOTO,等. 晚冰期以来青海湖沉积物多指标高分辨率的古气候演化 [J]. 中国科学(D辑：地球科学),2004(06):582-589.

[197] 史煜娟, 张蓉, 邢丽娟. 祁连山绿色农业发展制约因素分析及对策研究 [J]. 甘肃农业, 2019(12):66-69.

[198] 汤惠生. 略论青藏高原的旧石器和细石器 [J]. 考古, 1999,(05):44-54.

[199] 王辉. 甘青地区新石器-青铜时代考古学文化的谱系与格局 [J]. 考古学研究, 2012,9:217-237.

[200] 王建, 夏欢, 姚娟婷, 等. 青藏高原末次冰消期狩猎采集人群的生存策略研究 [J]. 中国科学: 地球科学, 2020,50(03):380-390.

[201] 王开发, 干宪曾. 孢粉学概论 [M]. 北京: 北京大学出版社, 1983.

[202] 王乃昂, 颉耀文, 薛祥燕. 近2000年来人类活动对我国西部生态环境变化的影响 [J]. 中国历史地理论丛, 2002,17(03):13-20.

[203] 王倩倩, 王忠信, 刘林, 等. 青海互助县金禅口遗址发掘简报 [J]. 四川文物, 2020(01):4-21+2

[204] 王晓娟. 祁连山木里地区晚更新世以来的气候环境变迁 [D]. 北京: 中国地质大学（北京）, 2014.

[205] 魏益民, 杨谊时, 张影全, 等. 中国河西走廊东灰山和西灰山作物遗存研究 [J]. 麦类作物学报, 2020,40(11):1327-1333.

[206] 夏艳平, 裴宇. 青海地区齐家文化中期居址初探 [J]. 文物春秋, 2020(05):13-24.

[207] 辛雨琼, 曹文侠, 王世林, 等. 1988—2018年东祁连山农牧交错区景观格局变化及驱动因素 [J]. 草业科学, 2020,37(10):1941-1951.

[208] 阎顺. 新疆第四纪孢粉组合特征及植被演替 [J]. 干旱区地理, 1991, 14(02):1-9.

[209] 杨颖. 河湟地区金禅口和李家坪齐家文化遗址植物大遗存分析 [D]. 兰州: 兰州大学, 2014.

[210] 叶茂林, 王国道, 蔡林海, 等. 青海民和县胡李家遗址的发掘 [J]. 考古, 2001(01):40-58+101-102.

[211] 仪明洁, 高星, 张晓凌, 等. 青藏高原边缘地区史前遗址2009年调查试掘报告 [J]. 人类学学报, 2011,30(02):124-136.

[212] 乙海琳, 宋艳波, 肖永明. 青海化隆县沙隆卡遗址动物遗存研究 [J].

北方文物,2020(05):66-77.

[213] 张东菊,董广辉,王辉,等.史前人类向青藏高原扩散的历史过程和可能驱动机制[J].中国科学:地球科学,2016,46(08):1007-1023.

[214] 张军.湖泊沉积粪生菌孢记录的中国北方全新世牧业发展及其驱动因素[D].兰州:兰州大学,2021.

[215] 张全,侯光良,陈晓良,等.8 ka祁连山中段腹地人类活动的新证据[J].第四纪研究,2022,42(04):1044-1057.

[216] 张全.祁连山地区全新世早中期人类活动与环境背景[D].西宁:青海师范大学,2023.

[217] 张山佳,董广辉.青藏高原东北部青铜时代中晚期人类对不同海拔环境的适应策略探讨[J].第四纪研究,2017,37(04):696-708.

[218] 张文杰,程维明,李宝林,等.气候变化下的祁连山地区近40年多年冻土分布变化模拟[J].地理研究,2014,33(07):1275-1284.

[219] 赵小浩,侯光良,王小梅,等.青海东部史前人口数量分析——以民和、乐都为例[J].干旱区资源与环境,2012,26(11):145-151.

[220] 赵英.人类历史时期祁连山地区生态环境变迁研究——以祁连山南麓(青海属界)为例[J].丝绸之路,2010(08):5-8.

[221] 周存云.黄河文明中的河湟史前文化[J].青海党的生活,2020(10):56-61.

[222] 高铭君,李育,张占森,等.祁连山周边内流区湖泊沉积物与人类活动研究[J].地理学报,2023,78(05):1192-1212.

[223] 郝璐.祁连山及周边地区古环境代用指标的人类活动辨识[D].兰州:兰州大学,2022.

[224] 康兴成,程国栋,陈发虎,等.祁连山中部公元904年以来树木年轮记录的旱涝变化[J].冰川冻土,2003(05):518-525.

[225] 李并成.历史上祁连山地区森林的破坏与变迁考[J].中国历史地理论丛,2000(1):1-16+247.

[226] 李并成.河西走廊历史时期绿洲边缘荒漠植被破坏考[J].中国历史地理论丛,2003(04):125-134+162.

[227] 李顶. 清至民国祁连山地区森林变迁研究 [D]. 西安:陕西师范大学,2005.

[228] 闫天龙. 祁连山中段天鹅湖沉积岩芯记录的3500年来气候环境变化 [D]. 兰州:兰州大学,2018.

[229] 常亚鹏,李路,许仲林. 天山北坡雪岭云杉林地开垦的土壤有机碳损失估算 [J]. 生态学报,2017,37(04):1168-1173.

[230] 韦应莉,曹文侠,刘玉祯. 不同放牧强度和围封对高寒灌丛草地土壤微生物量的影响 [J]. 草原与草坪,2018,38(05):1-7.

[231] 张小艳,周亚利,庞奖励,等. 光释光测年揭示浑善达克沙地中世纪暖期和小冰期环境变迁与人类活动的关系 [J]. 第四纪研究,2012,32(03):535-546.

[232] 周雪如,李育. 千百年尺度祁连山地区干湿变化对暖期的响应 [J]. 地理学报,2022,77(05):1138-1152.

[233] CHEN F, CHEN S, ZHANG X, et al. Asian dust-storm activity dominated by Chinese dynasty changes since 2000 BP[J]. Nature Communications, 2020, 11(01):992.

[234] YANG B, QIN C, WANG J, et al. A 3,500-year tree-ring record of annual precipitation on the northeastern Tibetan Plateau[J]. Proceedings of the National Academy of Sciences, 2014, 111(08): 2903-2908.

[235] 张鹏. 传统美术类非物质文化遗产濒危影响因素及生产性保护研究 [D]. 福州:福建师范大学,2016.

[236] 董汉河. 中国工农红军西路军七十周年祭——西路军的形成、失败及其价值和意义 [J]. 甘肃社会科学,2007(01): 121-128.

[237] 张大巍. 西路军左支队浴血突围祁连山 [J]. 党史纵横,2010(06): 43-46.

[238] 赵建军,李先念. 从祁连山到星星峡——西路军左支队浴血奋战记 [J]. 党史博采,2004(09): 4-8.

[239] 侯战方,张军,宋春晖,等. 青藏高原天水盆地中新世沉积物碳氧同位素对古气候演化的指示 [J]. 海洋地质与第四纪地质,2011,

31(3):69-78.

[240] 戎战磊. 气候变化对祁连山优势物种分布和植被格局的影响 [D]. 兰州：兰州大学, 2019.

[241] 中国地理百科丛书编委会. 中国地理百科丛书——祁连山 [M]. 广州：世界图书出版公司, 南方日报出版社, 2016.

[242] 高铭君, 李育, 张占森, 等. 祁连山周边内流区湖泊沉积物与人类活动研究 [J]. 地理学报, 2023,78(05):1192-1212.

[243] 汪有奎, 杨全生, 郭生祥, 等. 祁连山北坡森林资源变迁 [J]. 干旱区地理, 2014, 37(05): 966-979.

[244] 赵英. 人类历史时期祁连山地区生态环境变迁研究——以祁连山南麓（青海属界）为例 [J]. 丝绸之路, 2010, 177(08):5-8.

[245] 王奕心. 巴丹吉林沙漠人类活动遗存年代生业模式及环境背景研究 [D]. 兰州大学, 2023.

[246] 陈晓良, 王恩光, 韩强, 等. 祁连山国家公园青海片区人文资源概述 [M]. 西安：西北大学出版社, 2022.

[247] 陈春勤. 羌族释比文化与生态环境保护 [J]. 阿坝师范高等专科学校学报, 2008,25(04):1-5.

[248] 陈兴龙, 陈松. 基勒俄聚——羌族生态环境保护节 [J]. 四川民族学院学报, 2014,23(04):25-29.

[249] 丁文广, 勾晓华, 李育. 祁连山生态绿皮书. 北京：社会科学文化出版社, 2018.

[250] 董广辉, 刘峰文, 杨谊时, 等. 黄河流域新石器文化的空间扩张及其影响因素 [J]. 自然杂志, 2016,38(04):248-252.

[251] 董琦. 甘青地区史前社会生活研究 [D]. 重庆：重庆师范大学, 2022.

[252] 高星, 周振宇, 关莹. 青藏高原边缘地区晚更新世人类遗存与生存模式 [J]. 第四纪研究, 2008,28(06): 969-977.

[253] 郭云甫. 关于青海生态文化建设的若干思考 [C]// 青海省委宣传部. 探索 创新 求实——青海省"十一五"时期理论和实践研究成果汇编（下）. 西宁：青海民族出版社, 2011.

[254] 黄慰文，陈克造，袁宝印. 青海小柴达木湖的旧石器 [C]// 中国科学院中澳第四纪合组编. 中国 – 澳大利亚第四纪学术讨论会论文集. 北京：科学出版社，1987: 168-175.

[255] 侯光良，魏海成，鄂崇毅，等. 青海东部史前人口 – 耕地变化及其对植被演变的影响. 地理科学，2013(03): 299-306.

[256] 金孙梅，侯光良，陈晓良，等. 青藏高原末次冰消期以来人类活动的时空演化特征及其原因探讨 [J]. 第四纪研究，2022,42(01):223-235.

[257] 李并成. 历史上祁连山地区森林的破坏与变迁考 [J]. 中国历史地理论丛，2000(01).

[258] 李并成. 唐代前期河西走廊的农业开发 [J]. 中国农史，1990(01): 12-19.

[259] 李明森. 西藏土地资源概况 [J]. 自然资源，1978(02):27-29+31-42.

[260] 李娜齐. 两汉时期河西走廊的农业开发及生态保护 [J]. 今古文创，2022(41): 57-60+68.

[261] 刘俊霞. 两汉河西走廊农业开发与生态环境问题探析 [J]. 中国乡镇企业，2013(10): 55-58.

[262] 刘俊霞. 秦汉时期西北农业开发与生态环境问题研究 [D]. 咸阳：西北农林科技大学，2008.

[263] 刘兴. 青海云杉 [M]. 兰州：兰州大学出版社，1992.

[264] 张开. 西北地区唐代农牧业地理研究 [D]. 西安：陕西师范大学，2019.

[265] 朱宏斌. 秦汉时期区域农业开发研究 [D]. 咸阳：西北农林科技大学，2006.

[266] 王建，夏欢，姚娟婷，等. 青藏高原末次冰消期狩猎采集人群的生存策略研究 [J]. 中国科学：地球科学，2020,50(03):380-390.

[267] 魏红友. 马家窑彩陶中的"卍"形纹饰 [J]. 文物鉴定与鉴赏，2012(03):88-91.

[268] 闫天灵. 明清及民国时期祁连山穿山交通路线考 [J]. 中国边疆史地

研究, 2023, 33(02):146-158+216.

[269] 仪明洁, 高星, 张晓凌, 等. 青藏高原边缘地区史前遗址 2009 年调查试掘报告 [J]. 人类学学报, 2011,30(02):124–136.

[270] BRANTINGHAM P J, GAO X, OLSEN J W, et al. A short chronology for the peopling of the Tibetan Plateau[J]. Developments in Quaternary Sciences, 2007, 9: 129–150.

[271] CHEN F H, DONG G H, ZHANG D J, et al. Agriculture facilitated permanent human occupation of the Tibetan Plateau after 3600 BP[J]. Science, 2015, 347: 248–250.

[272] CHENG T, ZHANG D J, SMITH G M, et al. Hominin occupation of the Tibetan Plateau during the Last Interglacial Complex[J]. Quaternary Science Reviews, 2021: 265.

[273] WEI, H, CHONG Y E, ZHANG J, et al. Climate change and anthropogenic activities in Qinghai lake basin over the last 8500 years derived from pollen and charcoal records in an aeolian section[J].Catena, 2020,193:104616.

[274] 马芳. 祁连山国家公园脆弱生态环境保护与修复的跨区域立法研究 [J]. 青海民族研究, 2021,32(03):116–122.

[275] 马娟娟, 李晓兵, 齐鹏, 等. 祁连山国家公园生态安全评价 [J]. 山地学报, 2022,40(04):504–515.

[276] 胡潇月, 邓晓红, 李宗省. 生态保护与乡村振兴双赢生态补偿标准的模拟与分析——以祁连山国家公园为例 [J]. 生态学报, 2024,44(19): 8751–8763.

[277] 李佳桐, 唐海萍, 邝佛缘. 国家公园生态系统服务与农牧户福祉的时空耦合分析——以祁连山国家公园为例 [J]. 生态学报, 2024,44(15): 6527–6539.

[278] 张百婷, 李宗省, 冯起, 等. 基于土地利用变化的 1990—2020 年祁连山地区生态系统服务价值演化分析 [J]. 生态学报, 2024(10): 1–16.

[279] 吴晶晶, 焦亮, 张华, 等. 生态修复前后祁连山地区植被覆盖变化 [J].